Simone Carlson

# Im Sinne des Pferdes

## Bodenarbeit

WuWei
Verlag

# *Inhalt*

INHALT

# Philosophie

***Es gibt nichts Schöneres, als mit einem Pferd zu arbeiten, das seine ganze Aufmerksamkeit auf den Reiter konzentriert. Kein Pferd läuft weicher und eleganter als eines, das aus freiem Willen der Aufforderung des Reiters folgt. Jeder, der schon einmal das Glück gehabt hat, dies bei seinem Pferd zu erreichen, weiß, wovon ich spreche ...***

## Bodenarbeit mit Gefühl

Seitdem das Wort „Pferdeflüsterer" in aller Munde ist, sind unzählige Bücher über Trainingsmethoden erschienen, bei denen es um das Vertrauen und um das Wohlbefinden des Pferdes geht. Der Markt scheint also mehr als gesättigt. Warum nun noch ein weiteres Buch zum Thema schreiben?

Ich tue es, weil ich manchen Schlagwörtern misstraue. „Vertrauen" und „Wohlbefinden" sind Begriffe, die positive Assoziationen wecken. Aber was steckt in der Realität dahinter?

Vertraut mir mein Pferd, weil es ohne Halfter im Round-Pen hinter mir herläuft? Oder ist es nur erleichtert, wenn es nicht mehr um mich herumrennen muss? Bin ich für das Pferd nur der Unterschied zwischen einem kalten Stein und einer harten Stelle? Oder bin ich der weiche, warme Platz, zu dem es wirklich gerne kommt? Fühlt mein Pferd sich wohl, wenn es mit gesenktem Kopf neben mir steht und dabei noch kaut und leckt? Oder kann es lediglich aufatmen, weil es weiß, dass die schlimmste Arbeit vorbei ist?

Ich frage mich manchmal, wie viele dieser erwünschten Verhaltensweisen – wie z.B. Kopfsenken, Lecken und Kauen, Hinterherlaufen – einfach nur antrainiert und wie viele davon wirklich eine ehrliche Reaktion des Pferdes auf uns Menschen sind. Nur zu leicht wollen wir uns und sämtliche Vorgangsweisen in ein Schema pressen. Alles soll einfach und übersichtlich sein – lieber Schritt für Schritt eine Bedienungsanleitung befolgen, die garantiert zum Erfolg führt. Das gilt auch für unseren Umgang mit dem Pferd. Es ist ja auch der leichteste Weg, einen Kurs zu besuchen oder ein Buch zu lesen, in dem man detailliert gezeigt bekommt, wie man sich verhalten muss, um das Gewünschte zu erreichen.

Nur zu oft wird dabei vergessen, dass Pferde keine Maschinen, sondern Lebewesen mit individuellen Charakteren sind. Wie wir Menschen sind auch Pferde, jedes für sich, unverwechselbar, ein Unikat. Deshalb gibt es keine Bedienungsanleitung, und es existiert kein Schema, das auf alle anwendbar ist. Wer mit Pferden arbeiten will, muss in der Lage sein, sich immer wieder aufs Neue auf das Individuum Pferd einzustellen. Er muss bereit sein, sich stets neu zu orientieren und – wenn nötig – seine Arbeitsweise täglich neu den Bedürfnissen des Tieres anzupassen. Mit anderen Worten: Er muss aufhören, über Trainingsmethoden nachzudenken, und anfangen, zu fühlen. Ein Ausbilder, der es schafft, dass das Pferd ihm vertraut, ohne dass es vorher im Round-Pen herumgescheucht wird, ist auf dem richtigen Weg.

Ein Pferd, das zufrieden ist und sich wohl fühlt, tut alles für seinen Menschen. Es zeigt seinen Gemütszustand in jeder seiner Bewegungen, in seiner ganzen Haltung und in seinen Reaktionen. Allerdings bedarf es eines geschulten Auges, ein solches Pferd von einem zu unterscheiden, das die gleichen Bewegungsabläufe antrainiert bekommen hat.

Nun fragt sich der Leser vielleicht, weshalb dann der ganze Aufwand, wenn der Unterschied sowieso kaum sichtbar ist? Die Antwort lautet: Um des Pferdes willen!

Auch wir Menschen verrichten lieber eine Arbeit, die wir verstehen und bei der wir uns wichtig und wohl fühlen. Ein Pferd mit antrainierten Übungen wird immer härter sein in der Ausführung, es wird sich niemals so weich und elegant bewegen wie eines, das seine Arbeit gerne macht. Letztendlich geschieht es auch in unserem eigenen Interesse, wenn wir beim Training die individuellen Bedürfnisse unseres Pferdes berücksichtigen. Vielfältige Bodenarbeit bietet Gelegenheit, die Partnerschaft zwischen Mensch und Pferd zu festigen, und ist die beste Vorbereitung fürs Reiten. Es sollte sein wie beim Tanzen: Wir lernen zunächst die verschiedenen Schritte, um dann die einzelnen Passagen zusammenzuführen und einen wunderschönen, harmonischen Tanz miteinander aufs Parkett zu zaubern.

# *Simone Carlson*

*»Um einem Pferd wirklich gerecht zu werden, bedarf es lediglich der Bereitschaft von uns, sich ständig neu zu orientieren, offen zu sein, und zuzuhören, was es uns zu sagen hat.«*

1980 machte ich meine ersten Reiterfahrungen. Reiten und Pferde waren seit jeher nicht aus meinem Leben wegzudenken. Nach einigen Englischreitstunden und jahrelangem intensivem Freizeitreiten mit verschiedenen Lehrgängen ging ich im Herbst 1996 nach Amerika, um dort mein Hobby zum Beruf zu machen.

Als Leiterin des Paint Horse Stable begann im Januar 1997 meine dreijährige Arbeit in Denver, Colorado. Das Einreiten von Jungpferden und die Problempferde-Korrektur bildeten einige Schwerpunkte meiner Aufgaben. Auch in der Zucht und im Kutschenfahren konnte ich Erfahrung sammeln. Außerdem habe ich sehr viel unterrichtet und damit sowohl Erwachsenen als auch Kindern die Philosophie des Horsemenship nähergebracht.

Im Jahr 1999 absolvierte ich zusätzlich noch das Pferde-Trainings-Programm nach John Lyons und qualifizierte mich bei einer intensiven Ausbildung zum John Lyons Certified Trainer. Eine besondere Ehre war es für mich, in die Gruppe „Trained to be the Best" aufgenommen zu werden. Diese Auszeichnung erhalten diejenigen, die sich durch besondere Leistungen und Qualifikationen aus dem regulären Unterricht hervorheben konnten.

Durch Zufall erfuhr ich von einem Trainer namens Harry Whitney, der noch heute eines meiner größten Vorbilder ist. Bei ihm lernte ich in zahlreichen Lehrgängen, dass jedes Pferd individuell und einzigartig ist und dass man die Arbeit mit dem Pferd immer auf dessen Bedürfnisse abstimmen muss.

Mehrere Seminare bei Dave Genadek, dem Sattelmeister aus Minnesota, öffneten mein Bewusstsein für die Verbindung zwischen Sattel, Pferd und Reiter. Hier lernte ich nicht nur, wie ein Sattel gebaut wird, sondern auch, auf was es wirklich ankommt, damit man gute Passform für sein Pferd erreicht.

Peggy Cummings – connected riding ist ein Name, der in meiner ganzen Ausbildung immer wieder zu hören war. Sie wurde von allen guten Trainern weiterempfohlen, weil ihre Philosophie des ausbalancierten richtigen Sitzes, der es dem Pferd erlaubt, sich auch unter einem Reiter frei und ohne Einschränkung bewegen zu können, einzigartig ist. Bei ihr nehme ich seit 2006 an einem dreijährigen Ausbildungsprogramm zum Connected Riding Instructor teil. Mein neu erlangtes Wissen kann ich schon jetzt in meine Arbeit mit Pferden und meinen Reitschülern einfließen lassen.

# 1 *Erste Annäherung*

*Das Pferdetraining beginnt nicht erst im Round-Pen oder auf dem Reitplatz, sondern in dem Moment, wenn ich auf mein Pferd zugehe. Die Art und Weise, wie das geschieht und wie mein Pferd mich empfängt, sagt mir viel über seine Einstellung.*

# Kontakt aufnehmen

***Manche Menschen haben schon Probleme, ihr Pferd auf einer Weide einzufangen. Wenn man ein paar kleine Regeln beachtet, kann es bereits genügen und das Pferd erhält eine andere Einstellung zu dieser Tätigkeit. Es kommt uns sogar irgendwann entgegen, ohne auf Leckerli zu hoffen, sondern einfach deshalb, weil es unsere Gesellschaft genießt.***

Wenn ich auf das Pferd zugehe, sollte seine Aufmerksamkeit bei mir sein. Ich möchte, dass es mir entgegenblickt, wenn ich komme, und dass es seinen Kopf zu mir wendet. Damit lädt es mich ein in seine Welt. Wie erreiche ich das?

**Einen guten Kontakt zum Pferd finden ist die Basis für jedes aufbauende Training**

**1** Zuerst machen wir uns akustisch bemerkbar, beispielsweise durch Klicken oder durch einen Schnalzlaut.
**2** Hat das Pferd uns bemerkt – das erkennt man daran, dass es uns entgegenblickt –, gehen wir auf seine Schulter zu. Die Schulter ist die soziale Stelle des Pferdes, die grundsätzlich als positiv empfunden wird. Auf der Koppel stehen Pferde Schulter an Schulter, sie schrubben sich gegenseitig und machen Fellpflege, sie beknabbern sich mit den Lippen und mit den Zähnen. Man kann dieses Verhalten imitieren, indem man die Haut mit den Fingerkuppen auf ähnliche Weise schrubbt.

**1** Ich stehe parallel zur Schulter. Contras Aufmerksamkeit ist weg, er schaut in die andere Richtung. Ich gehe nicht weiter auf ihn zu.

**2** Ich habe meine Position leicht verändert, um seine Aufmerksamkeit zu bekommen, sein linkes Ohr ist nun auf mich gerichtet. Er ist zwar noch nicht völlig mit seiner Aufmerksamkeit bei mir, aber auf dem Weg dorthin.

**! Niemals von hinten oder direkt von vorne auf das Pferd zugehen. Pferde können seitlich viel weiter sehen als wir Menschen, hinten jedoch haben sie keinen Überblick, und das kann eine panische Reaktion – zur Selbstverteidigung – zur Folge haben. Wenn ich abrupt von vorne komme, könnte das Pferd es als einen Angriff verstehen und weicht seitlich aus. Nur falls das Pferd aufmerksam direkt zu mir blickt, kann ich ihm auch von vorne entgegenkommen.**

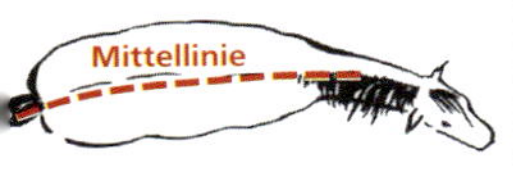


**3** Wichtig ist es, der Kopfposition Aufmerksamkeit zu schenken: Bei der ersten Bewegung, nachdem es uns entdeckt hat, sollten wir immer darauf achten, dass der Kopf des Pferdes – von seiner Mittellinie aus gesehen – uns zugewandt ist. Auch sollte der Kopf nicht zu sehr nach oben gestreckt sein, dies würde nämlich bedeuten, dass das Pferd sich in Alarmstellung befindet. Eine fast waagrechte Halsstellung vom Widerrist aus zeigt eine entspannte Haltung.

**4** Sobald sich der Kopf des Pferdes von der Mittellinie aus auf der uns entgegengesetzten Seite befindet, müssen wir dem Tier mehr Abstand geben, stehen bleiben oder rückwärts gehen. Denn ein Pferd, das den Kopf von der Mittellinie abwendet, signalisiert damit, dass es einen Ausweg sucht. Es will sagen: „Wenn du mir noch ein bisschen mehr Druck machst, wenn du noch einen Schritt näher kommst, halte ich es nicht mehr aus. Ich gehe weg."
In dieser Situation muss der Ausbilder stehen bleiben oder sogar ein paar Schritte zurückgehen. Damit das Pferd sich nicht überrumpelt fühlt, sollte man ihm von Anfang an Gelegenheit geben, sich mit dem Druck, der von uns ausgeht, auseinan-

**3** Wieder habe ich meine Position leicht verändert, sein Kopf kam mir noch ein Stück mehr entgegen. Jetzt ist der Kopf schon auf der Mittellinie.

**4** Ein Schritt zu viel auf ihn zu und der Kopf weicht von mir weg, sucht einen Ausweg.

derzusetzen. Manche Pferde brauchen etwas mehr Zeit als andere. Bei einigen ist es zu viel indirekter Druck, wenn wir gleich direkt auf sie zumarschieren. Wenn wir ihnen aber etwas Zeit geben, bis sie uns entgegenblicken, laden sie uns ein, näher zu kommen. Diese vom Pferd ausgehende Einladung ist die Einstellung, die wir anstreben sollten.

**Die Hauptsache bei der Arbeit mit dem Pferd sind dessen Gedanken. Wo die Gedanken sind, dahin geht auch das Pferd**

5 Nun können wir uns nähern, wobei wir immer den Kopf des Pferdes im Auge behalten sollten. Sobald sich seine Stimmung verändert, müssen wir bereit sein, darauf zu reagieren.

6 Sind wir beim Pferd angelangt, ist es wichtig, dass wir es mit Streicheln belohnen, bevor wir das Halfter anlegen.

**Die Sprache der Pferde ist universell. Jedes Pferd reagiert jedoch unterschiedlich auf Druck, der indirekt von seinem Trainer ausgeht. Seine Reaktion hängt von den Erfahrungen ab, die es vorher gemacht hat. Es gibt Pferde, die sich sehr sensibel verhalten. Manche wiederum sind durch frühere negative Erfahrungen abgestumpft – aber auch diese Pferde kann man wieder so sensibel machen, dass sie auf diese indirekten Hilfen ansprechen. Einmal mehr gibt es Unterschiede von Pferd zu Pferd, je nachdem, mit welchen Erlebnissen es schon konfrontiert wurde. Und unsere Aufgabe besteht darin, diese individuellen Eigenheiten zu erkennen und darauf einzugehen.**

5 Ich gehe einen Schritt zurück, das nimmt ihm den Druck, er dreht den Kopf, um auf mich zuzukommen.

6 Bin ich beim Pferd angelangt, ist es wichtig, dass ich es deutlich lobe.

# Aufhalftern

***Das Anlegen des Halfters hat große Auswirkung darauf, wie meine Ausbildungsstunde mit dem Pferd verläuft. Denn auch hier ist es wichtig, dem Pferd zu zeigen, dass seine Gefühle ernst genommen werden. Lässt es sich ungern aufhalftern, dann brauchen wir uns nicht zu wundern, wenn es den anderen Anforderungen, die wir an das Pferd stellen, auch nicht positiv entgegentritt.***

Nach der Begrüßungszeremonie stehe ich am Hals oder neben dem Kopf des Pferdes. Um zu verhindern, dass mein Pferd es sich nun anders überlegt, kann ich vorsichtshalber den Führstrick um den Hals legen, damit der Versuch, wegzulaufen, gar nicht erst aufkommen kann. Nach einigen Übungsstunden sollte dies jedoch nicht mehr der Fall sein. Ich halte mein Halfter bereit. Wenn der Kopf nach oben ragt, ist das ein Zeichen von Anspannung und Nervosität, denn ein entspanntes Pferd hält seinen Hals immer fast waagrecht oder nach unten. Durch ein leichtes Auflegen meiner rechten Hand auf den Hals unmittelbar hinter den Ohren fordere ich das Pferd auf, seinen Kopf zu senken und sich zu entspannen. Mit einer leichten Hilfe kann ich dem Pferd beibringen, dies besser zu verstehen (hierzu mehr in Kapitel 3). Ich halte das offene Halfter so bereit, dass das Pferd den Kopf in das Halfter steckt, und nicht so, dass ich es über den Pferdekopf ziehe. Diese Geste bedeutet, dass das Pferd mit dem Vorgang einverstanden ist. Ein häufiger Fehler beim Aufhalftern besteht darin, das Pferd mit meinem Körper so zu bedrängen, dass es auf die andere Seite von der Mittellinie ausweichen muss. Man darf sich daher nicht so nah hinstellen, dass das Pferd seinen Kopf nicht zu einem drehen kann, sondern sich abwendet. Es gibt Reiter, die ihrem Pferd das Halfter einfach über den Kopf schieben. Dabei handelt es sich wohl um diejenigen, die grundsätzlich die Körpersprache des Pferdes außer Acht lassen.

**! Es ist darauf zu achten, dass das Pferd den Kopf in das Halfter absenkt. Dies ist die beste Voraussetzung für die folgende Arbeit. Ich will nicht den Kopf meines Pferdes gewaltsam herunterdrücken, sondern ihm beibringen, auch vor leichtem Druck meiner Hand zu weichen. Gutes Timing beim Loslassen ist dabei wichtig. Wenn ich den Kopf in viele verschiedene Positionen führe, erreiche ich, dass das Pferd mit meinen Gedanken mitgeht, ohne sich zu widersetzen. Wenn ein Pferd den Kopf ganz weit oben hält, so dass ich mich strecken muss, um das Halfter anzulegen, zeigt es mir, dass es das Halfter nicht will. In letzter Konsequenz bedeutet es sogar, dass das Pferd mit mir überhaupt nicht arbeiten möchte. Manchmal würde da ein bisschen mehr Freiraum bereits helfen.**

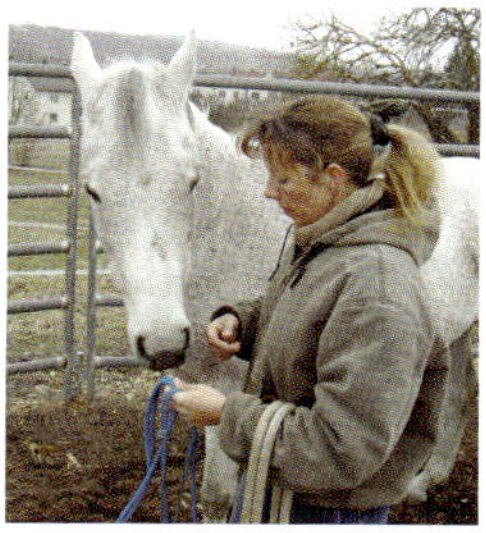

1 Ich zeige Buddy das Halfter und lasse ihn daran schnuppern – er zeigt Interesse.

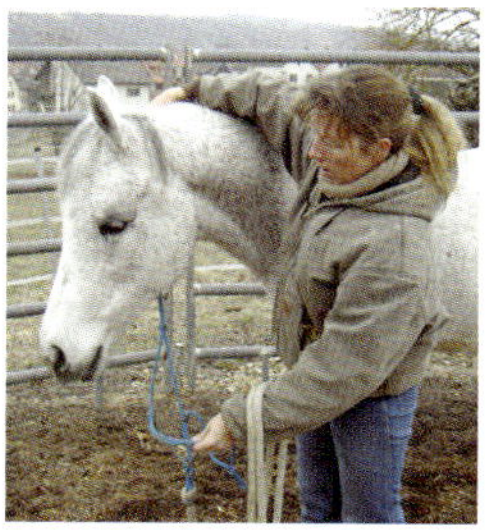

2 Ich biete ihm an, seinen Kopf in das Halfter zu stecken. Er ist jedoch nicht ganz bei der Sache, was man daran erkennt, dass er seinen Kopf leicht wegdreht. Ich warte.

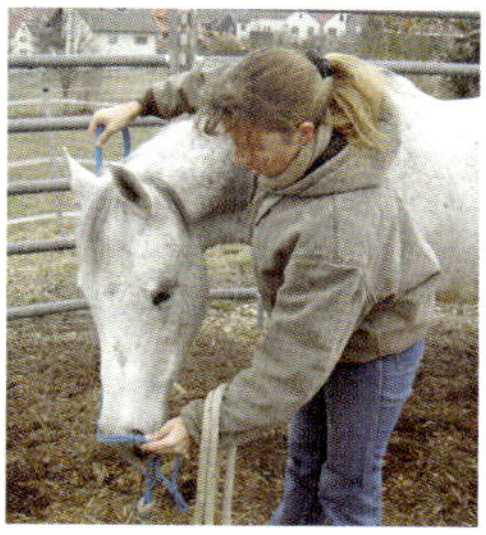

3 Jetzt senkt er seinen Kopf in das Halfter, und ich kann es nun über seiner Nase richtig platzieren. Auch hier ist er leicht abgelenkt und nicht voll konzentriert.

4 Auf diesem Bild ist er nur noch leicht abgelenkt: jedoch seine Hauptaufmerksamkeit ist bei mir und beim Aufhalftern.

## Halfterknoten

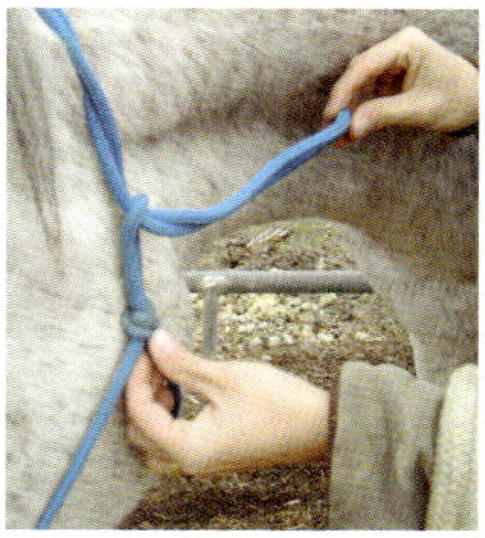

1 Mit dem oberen Teil des Halfters gehe ich durch die Schlinge und dann nach hinten.

2 Nun gehe ich zwischen Halfter und Pferd nach vorne.

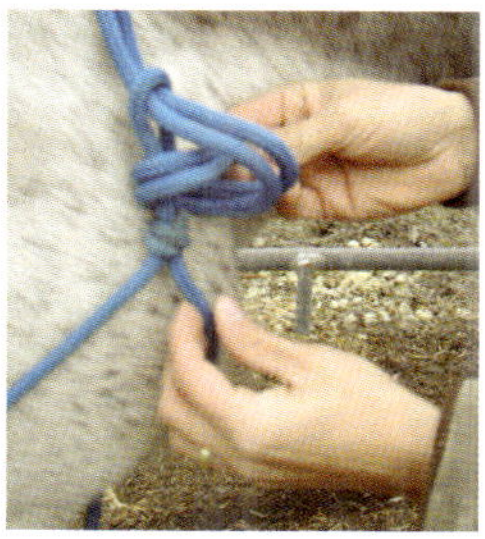

3 Um dann durch die Schlinge wieder nach hinten zu gehen.

4 Der Knoten soll unter der Schlinge sitzen, mit dem Ende des Halfters nach hinten gehend.

**Warum soll der Knoten ausgerechnet so geknotet werden?**
Es gibt natürlich auch andere Wege, diesen Knoten zu binden. Aus Sicherheitsgründen empfiehlt es sich jedoch, ihn auf diese Weise zu machen. Sollte das angebundene Pferd in einer Paniksituation einmal stark nach hinten ziehen, so kann sich ein Knoten, der oberhalb der Schlinge festgemacht ist, so festziehen, dass einem nur noch das Aufschneiden des Halfters übrig bleibt, um dieses wieder zu öffnen. Ist der Knoten aber unterhalb der Schlinge geknotet, so kann man ihn wieder „aufbrechen", indem man die Schlinge nach hinten drückt und somit den Knoten löst.

## Abhalftern

Genauso wichtig wie die Begrüßung am Anfang der Lektion ist die Beendigung der Übungsstunde. Falls es während der Ausbildung zwischendurch eine Stressphase gegeben hat – was möglichst selten vorkommen sollte –, muss am Ende der Stunde alles geklärt sein. Das Pferd hat einen ruhigen und entspannten Eindruck zu machen und soll sich in seiner Haut wohl fühlen, weil es etwas Neues gelernt hat. Wer sein Pferd verunsichert zurücklässt, misshandelt es.

Daher ist es sehr wichtig, dass die Übungsstunde nicht im Round-Pen endet. Auch beim Zurückführen zum Stall beziehe ich die Dinge mit ein, an denen wir gerade gearbeitet haben.
Wenn ich das Halfter abnehme, ist darauf zu achten, dass ich mich als Erstes vom Pferd abwende, nicht das Pferd von mir. Beim Abnehmen ist es also wichtig, dass das Pferd mit seinen Gedanken bei mir ist. Nehme ich das Halfter von der Nase, halte ich es immer noch am Hals fest. Es gibt viele Pferde, die versuchen loszustürmen, sobald das Halfter von der Nase entfernt wird. Wenn ich es also immer noch am Hals halte und warte, bis die Aufmerksamkeit wieder bei mir ist, dann zeige ich ihm damit, dass ich die Verbindung beenden werde und nicht das Pferd. Sobald es dann seine Gedanken wieder bei mir hat, kann ich das Halfter ganz entfernen und mich zügig zurückziehen. Passt mein Timing, wird mein Pferd ruhig stehen bleiben oder mir hinterherschauen, wenn nicht sogar hinterherlaufen, sobald ich mich entferne.

# Loben und Belohnen

***Bei unserer Arbeit mit dem Pferd kommt es nicht darauf an, dass alles auf Anhieb klappt. Es macht keinen Sinn, eine Übung zweihundert Mal zu wiederholen, bis sämtliche Einzelheiten reibungslos ablaufen. Kleine Übungseinheiten, ausreichende Pausen und Loben, Loben, Loben bringen allemal mehr als sturer Drill.***

## Wie lobe ich mein Pferd richtig?

Wenn ich einem Freund mit der flachen Hand auf die Schulter klopfe, versteht er mich richtig. Er weiß, dass es freundschaftlich, als Anerkennung gemeint ist. Wenn ich das Pferd mit der flachen Hand abklatsche, lässt es dies geduldig ohne Regung über sich ergehen. Es empfindet dies jedoch nicht als angenehm, da die Pferdehaut sieben Mal empfindlicher ist als Menschenhaut. Ein Pferd fühlt, wenn eine Fliege auf seinem Haarkleid landet. Pferde sind sinnliche Wesen. Wenn sie zusammenstehen und gegenseitig Fellpflege machen, beknabbern sie sich mit den Lippen oder mit den Zähnen. Ich kann diese Bewegung mit meinen Fingerkuppen nachahmen oder das Pferd auf seiner Stirn streicheln. Ein Pferd, das mit sich im Reinen ist, lässt sich gern im Gesicht anfassen. Unzufriedene Pferde, die gestresst sind und bei denen sich viel angestaut hat, drehen häufig den Kopf weg, wenn man versucht, sie im Gesicht zu berühren.

Pearl genießt es sichtlich, auf der Stirn gestreichelt zu werden.

## Keine Leckerlis

Anstelle von Leckerlis geben wir unserem Pferd besser Streicheleinheiten. Während des Trainings haben wir deshalb grundsätzlich keine Leckereien dabei. Zum einen gibt es in der Natur kein Leittier, das seine Zuneigung mit Leckerbissen zeigt. Zum anderen wissen Pferde sehr bald, dass ich etwas in meiner Tasche trage, und denken nur noch an die Belohnung. Die Übung wird dann möglichst schnell absolviert, weil es am Ende ja wieder ein Leckerli gibt. Die Pferde arbeiten in Erwartung auf die Belohnung am Ende, und das kann stressig werden. Sie stehen buchstäblich »unter Strom« und machen möglichst schnell eine Übung nach der anderen – nicht etwa aus Freude an der Zusammenarbeit mit mir, sondern nur, um die Leckereien zu kassieren. Sollte dann einmal meine Tasche leer sein, weil ich die Leckerlis vergessen habe, ist das Pferd enttäuscht. Und dies nicht ohne Grund, denn es hat ja bisher immer diese Belohnung bekommen und jetzt auf einmal gibt es nichts. Daher ist es mir lieber, wenn das Pferd etwas macht, um mir zu gefallen, weil ich es darum bitte. Indem ich mein Pferd liebkose und lobe, zeige ich ihm meine Anerkennung. Ich demonstriere auf diese Weise am besten, dass ich mit ihm zufrieden bin.

Auch das Massieren an Lieblingsstellen wird gerne als Lob angenommen.

# *Maggy – ihr trauriges Schicksal*

*Ich weiß ja, dass Pferde nicht lächeln können. Aber als ich Maggy begegnete, war ich mir auf einmal nicht mehr so sicher, ob sie es nicht ab und zu doch tun. Sie hatte ein derart fröhliches Naturell, war offen und zutraulich, so ausgeglichen und freundlich, dass man ihre Zufriedenheit und Lebensfreude förmlich spüren konnte. Mit ihren strahlenden Augen blickte sie neugierig in die Welt. Das Schicksal hatte es gut mit ihr gemeint. Sie war noch ein Fohlen gewesen, als ihr Züchter sie an einen sehr lieben Menschen verkaufte. Er nahm sie mit auf seine Farm. Tagsüber graste sie auf einer saftigen, großen Weide, nachts schlief sie auf ihrem Strohbett neben ihrem besten Freund, einem Islandpony.*

*Sie war der ganze Stolz ihres Besitzers, und das ließ er jeden wissen. Überall erzählte er von „seiner Maggy“. Er liebte sie über alles, und sie liebte ihn. Daher wollte er alles mit ihr richtig machen. Nur das Beste sollte gut genug sein für seine Maggy.*

*Auf der Farm lebte noch Django, ein älterer Appaloosa-Wallach. Maggys tierlieber Besitzer hatte ihn jemandem abgekauft, um ihm ein besseres Zuhause zu geben. Man konnte dem Wallach ansehen, dass er nicht immer gut behandelt worden war. Er war steif und zäh beim Reiten – ein Zeichen dafür, dass seine früheren Besitzer und Trainer sich nicht besonders um ihn bemüht hatten. Anscheinend hatte man dem armen Django zu allem Überfluss noch einen schlecht sitzenden Sattel verpasst. Solche Erfahrungen wollte man der kleinen Maggy ersparen. Sie sollte ihre Willigkeit und Fröhlichkeit nicht verlieren und deshalb die bestmögliche Ausbildung bekommen, die ein Reitpferd haben kann.*

*Maggys Besitzer kam zu mir und bat mich, sie zuzureiten. Eigentlich wollte ich die Aufgabe nicht übernehmen. Schon damals hielt ich wenig davon, ein Pferd zu schulen und es dann seinem Reiter einfach zurückzugeben. Ich war überzeugt, dass es besser sei, Reiter und Pferd zusammen auszubilden. Aus diesem Grund zögerte ich. Aber Maggys Besitzer ließ nicht locker. Er erzählte mir, er sei beruflich sehr eingespannt. Neben seinem eigentlichen Broterwerb kümmere er sich noch um seine Farm. Daher habe er einfach keine Zeit für die Stunden auf dem Reitplatz. Da ich ihn von früher kannte – er hatte bereits einen Wochenendkurs hinter sich und auch viele Privatstunden bei mir genommen –, entschied ich mich nach langer Überlegung, dass ich diesmal eine Ausnahme machen könnte.*

*Also fing ich an, mit Maggy zu arbeiten. Noch nie hatte ich ein so gelehriges und fröhliches Pferd in Ausbildung gehabt. Die Arbeit mit ihr war die reine Freude. Jedes*

# -häftigt mich noch heute

*Mal, wenn ich sie zum Training holte, kam sie mir freudig schnaubend entgegen, obwohl ich sie niemals mit Leckereien belohnte, ihr auch nie Futter gab und sie zu allem Überfluss von ihren Freunden auf der Koppel wegholte. Kein einziges Mal drehte sie sich um, um den anderen Pferden nachzuschauen. Ihre Augen strahlten erwartungsvoll. Sie freute sich offensichtlich auf die Zusammenarbeit mit mir.*

*Maggy lernte schnell. Schon nach wenigen Übungsstunden saß ich im Sattel, als sei es eine Selbstverständlichkeit. Bereitwillig und vertrauensvoll ließ sie sich auf das Trainingsprogramm ein. Es war einfach ein Genuss, mit ihr zu arbeiten. Ich schlug dem Besitzer vor, Maggy mit einem Side Pull zu reiten. „Wenn das klappt, dann braucht sie niemals ein Gebiss ins Maul zu nehmen, das Side Pull ist mir wesentlich lieber, weil es viel sanfter ist für meine Maggy", meinte er erfreut. – Und natürlich klappte es. Maggy reagierte prima auf das Side Pull, sehr zur Freude und zum Stolz des Besitzers.*

*Es dauerte nicht lange, da gingen wir ins Gelände. Wir konnten seitwärts gehen, und beim Rückwärtsgehen, Anhalten und Tempowechsel reagierte sie nur auf Gewichtsverlagerung.*

*Nachdem Maggy ausgelernt hatte, war der Besitzer an der Reihe, Reitstunden zu nehmen. Schließlich musste er alles nachholen, was Maggy bereits konnte, um ihr die richtigen Hilfen zu geben.*

*Der Sommer verging wie im Flug. Es wurde Herbst, der Regen setzte ein und etliche Reitstunden mussten wegen des stürmischen Wetters ausfallen. Außerdem hatte ich mich zu einer Fortbildung in Amerika angemeldet. So kam der Tag, an dem ich mich von Maggy verabschieden musste. Der Abschied fiel mir zwar schwer, dennoch war ich zuversichtlich, dass sie sich während meiner Abwesenheit prächtig weiterentwickeln würde. Schließlich wusste ich, dass sie in guten Händen war. Ich versprach, mich unmittelbar nach meiner Rückkehr wieder zu melden.*

*Aber die Trennung wurde länger, als ich geplant hatte. Durch Krankheit und eine Verkettung vieler unglücklicher Umstände kam ich einfach nicht dazu, mich nach Maggy zu erkundigen. Der Winter ging vorbei, die Natur erwachte zu neuem Leben. Mein schlechtes Gewissen plagte mich, denn ich hatte doch hoch und heilig versprochen, mich sofort nach meiner Rückkehr zu melden. Endlich fand ich Zeit für einen Anruf, um mich zu erkundigen, wie es Maggy gehe. Bereits durch das Telefon konnte ich die tiefe Enttäuschung in der Stimme meines Gesprächspartners hören. Er teilte*

*mir mit, er hätte eine andere Trainerin für Maggy engagiert, weil er nicht so lange hatte warten wollen. Die Nachricht machte mich sehr traurig, denn sie bedeutete, dass ich Maggy nicht mehr sehen könnte. Andererseits war ich froh zu erfahren, dass der Besitzer jemanden gefunden hatte, der ihm weiterhelfen konnte. Allerdings stellte ich mir die Frage, bei welchen Problemen diese Trainerin eigentlich behilflich sein sollte. Schließlich hatte ich Maggy bereits so weit gehabt, dass der Besitzer sie sehr wohl selbst hätte reiten können.*

*Nichtsdestotrotz war mein Auftrag damit beendet. Aber ich schuldete dem Farmer noch Geld für das Heu, das ich bei ihm gekauft hatte. So fuhr ich zu ihm, um meine Schulden zu begleichen. Bei der Gelegenheit wollte ich Maggy ein letztes Mal sehen und mich von ihr verabschieden. In froher Erwartung fand ich mich auf der Farm ein. Als ich jedoch am Round-Pen vorbeikam, wurde mir ganz flau im Magen. Ich konnte meinen Augen kaum trauen. Zuerst habe ich sie gar nicht erkannt. War das dieselbe Maggy, die ich gekannt hatte? Ein scheinbar völlig fremdes Pferd trottete da mit einer angespannten Haltung, die ich bei Maggy niemals gesehen hatte. Sie lief nicht mehr weich und locker, fröhlich und willig, wie ich sie in Erinnerung hatte. Nein, ihr Gang war schleppend und angespannt. Ihr Kopf war mit einem Strick heruntergebunden, im Maul trug sie ein Gebiss mit langen Schenkeln.*

*Was war mit meiner Maggy bloß geschehen? Ich dachte an die Worte ihres Besitzers: „Sie braucht niemals ein Gebiss ins Maul zu nehmen, das Side Pull ist mir wesentlich lieber, weil es viel sanfter ist für meine Maggy.“ Sie wurde gerade longiert von einer jungen Frau, die Sporen an ihren Reitstiefeln befestigt hatte. Wie leicht hatte Maggy doch noch vor wenigen Monaten auf die Verlagerung meines Gewichts oder auf den bloßen Druck meiner Schenkel reagiert! Als ich langsam am Round-Pen vorbeifuhr, konnte ich für einen kurzen Moment ihren Blick erhaschen. Das fröhliche Strahlen in ihren Augen war erloschen. Ihr Ausdruck schien stumpf und leer. Sie sah mich an, als würde sie mich fragen: „Warum hast du das nur zugelassen?“ Ich konnte ihr keine Antwort geben, und mich überkam eine tiefe Traurigkeit.*

*Ich zahlte meine Schulden und fuhr nach Hause. Auch auf dem Nachhauseweg ließ mich die Traurigkeit lange nicht los. Ich schwor mir, dass Maggy das letzte Pferd war, das ich für jemanden ausbilden würde, der nicht bereit ist, selbst am Training teilzunehmen. Von nun an wollte ich nur noch Menschen unterrichten, die sich die Zeit nehmen und damit auch die Verantwortung tragen, selbst die Ausbildung mitzumachen. Ausschließlich so kann ich als Ausbilderin sichergehen, dass die Reiter am Ende auch die Bedürfnisse ihrer Pferde verstehen können. Nur wenn der Mensch und sein Pferd gemeinsam den langen Ausbildungsweg gegangen sind, wenn sie die Höhen und Tie-*

*fen des Lernens gemeinsam erlebt haben, können sie wirklich Verständnis füreinander entwickeln.*

*Durch unsere sanfte Ausbildungsmethode übernehmen wir Verantwortung für das Pferd und seine Seele. Um das Pferd zu verstehen, ermuntern wir es, sich zu öffnen, uns Einblicke in sein Innerstes zu gewähren. Es soll lernen, Gefühle zu zeigen, ohne Angst vor Strafe. Wir öffnen eine Tür in der Pferd-Mensch-Beziehung, durch die sich das Pferd vertrauensvoll an uns wenden kann. Jederzeit!*

*Daher ist es auch unsere Pflicht, dafür zu sorgen, dass diese geöffnete Tür nicht wieder zugeschlagen wird. Es gibt nichts Schlimmeres, als einem Pferd diese Pforte zu öffnen, nur um sie bald zu schließen nach dem Motto: „Schau doch nur, wie schön das alles für Pferd und Reiter sein kann. Aber nicht für dich!" Dann ist es sogar besser, diese Tür niemals zu öffnen. Bevor wir daran nur denken, dem Pferd diesen besseren Weg zu zeigen, müssen wir sichergehen, dass wir unser Versprechen halten können.*

*Ich habe Maggy zutiefst enttäuscht, indem ich ihr zunächst die Tür geöffnet und ihr gezeigt habe, wie herrlich alles sein könnte. Am Ende wurde sie von mir im Stich gelassen. Ich habe die Tür wieder zugeschlagen, sie ausgeliefert und fallen gelassen. Noch heute macht es mich traurig, wenn ich an Maggy denke. Ich hoffe, sie kann mir verzeihen.*

# 2 *Das Round-Pen*

*Als Hilfsmittel bei der Pferdeausbildung gewinnt das Round-Pen immer mehr an Bedeutung. Es ist zwar keine Voraussetzung, aber doch hervorragend geeignet, mit einem frei laufenden Pferd eine Kommunikation aufzubauen: einerseits gerade groß genug, dass das Pferd die Möglichkeit hat, alle Gangarten zu probieren, andererseits so klein, dass der Mensch nie den Kontakt zum Pferd verliert. Außerdem kann das Pferd in einem runden Gehege (daher der Name Round-Pen) geschmeidigere Bewegungsabläufe vollziehen als auf einem eckigen Platz.*

# Allgemeines zum Round-Pen

***Wenn es auch keine Grundvoraussetzung ist, ein Round-Pen zu besitzen, um ein Pferd zu trainieren, so ist es bestimmt ein äußerst hilfreiches Trainingselement.***

Im Gegensatz zu einem viereckigen Reitplatz bietet uns das Round-Pen die Möglichkeit, mit dem frei laufenden Pferd geschmeidige Gänge zu üben, ohne dass es immer von einer Ecke in die andere rennt und dort den Bewegungsablauf abrupt unterbricht. Ein frei laufend arbeitendes Pferd, das in keiner Weise mit dem Menschen verbunden ist, wie etwa durch eine Longe, neigt mehr dazu, seine Gefühle offen darzulegen. Dies geschieht am besten, indem ich dem Pferd Veränderungen im Tempo und in der Richtung durch meine Körpersprache vorschlage.

**Sei nicht froh mit dem, wie das Pferd jetzt ist. Aber sei froh mit der Veränderung, die du bis jetzt erreicht hast**

Das Round-Pen sollte groß genug sein, dass ein Pferd ohne Probleme darin galoppieren kann, unter Umständen auch mit Reiter. Und klein genug, damit der Ausbilder nie den Kontakt zum Pferd verliert und auch dann den Abstand zum Pferd bequem halten kann, wenn dieses galoppiert. Erfahrungsgemäß ist eine Größe zwischen 16 und 18 Metern Durchmesser optimal, um sowohl für eine gute Bodenarbeit als auch die ersten paar Ritte auf einem jungen Pferd geeignet zu sein. Es sollte nicht komplett geschlossen sein, so dass das Pferd lernen kann, sich trotz einer abwechslungsreichen Außenwelt auf den Ausbilder zu konzentrieren. Eine gewisse Ablenkung von außen ist sogar wünschenswert, da man auf diese Weise mit dem Pferd üben kann, auch dann noch auf uns zu achten, wenn einiges um uns herum passiert. Schirmt man das Pferd in dieser Trainingsphase zu sehr ab, lässt es sich außerhalb des Round-Pens häufig zu sehr von den vielen Eindrücken der Umwelt ablenken.

Die Abstände der Paneelen müssen nah genug sein, damit kein Pferd seinen Kopf hindurchstecken kann. Andernfalls wird es auch in einer unerwünschten Stresssituation hindurchzurennen versuchen. Dies kann zu schlimmen Verletzungen führen und sollte schon deshalb unbedingt vermieden werden.

▲ Ist das Round-Pen zu niedrig, tendiert das Pferd dazu, den Kopf darüberzustrecken, dies kann eher hinderlich sein.

Zudem sollte das Round-Pen so hoch sein, dass kein Pferd auch nur in die Versuchung kommt, seinen Kopf darüberzustecken. Ist dies möglich, so wird ein gestresstes Pferd versuchen, darüber zu klettern. Pferde glauben, dass dort, wo der Kopf hindurchpasst, dies auch für den Rest des Körpers zutrifft. Anders als bei der Katze ist dies beim Pferd allerdings unmöglich, und somit besteht immer eine große Verletzungsgefahr.

Der Boden sollte nicht zu tief sein, da wir das Pferd nicht durch unsere Arbeit im Round-Pen ermüden wollen. Ein fester, leicht federnder Boden ist daher wünschenswert, weil dieser sich als gelenk- und sehnenschonend erweist. Natürlich sollte ein Pferd beim Versuch zu galoppieren auch nicht rutschen. Gras hat im Round-Pen nichts zu suchen, dies erschwert Übungseinheiten wie Einladen und Folgen nur unnötig.

## Ausrüstung

***„Die beste Trainingsausrüstung befindet sich am Ende eures Arms. Es ist die Hand, die das Pferd streichelt.“***

**Wenn du Ansichten über Pferde hören willst, frag die Menschen, willst du aber die Wahrheit hören, frag die Pferde**

Dieser Spruch stammt von John Lyons, einem sehr bekannten Pferdetrainer in den USA. Das klingt poetisch, heißt aber nichts anderes als: „Durch Lob und durch Motivation lernt das Pferd am allerbesten." Mal ehrlich, trifft das nicht auf alle Lebewesen zu, auch auf uns Menschen?

Es gibt Pferdeliebhaber, die Unsummen für ihre Ausrüstung ausgeben. Sie wollen für ihr Pferd nur das Allerfeinste. Das freut natürlich die Inhaber der Spezialgeschäfte für Reiterbedarf, aber dem Pferd ist der ganze Schnickschnack herzlich egal. Das ganze Drumherum hebt das Selbstwertgefühl des Reiters, das Pferd trägt es mit Gleichmut.

Wirklich wichtig ist die Energie, die vom Menschen ausgeht, und die Absicht, die sich dahinter verbirgt. Ob ich ein Fähnchen nehme, ein Lasso oder einfach einen langen Strick, entscheide ich nach dem Pferd, mit dem ich gerade zusammenarbeite. Bei manchen Tieren ist es sogar besser, gar keine Hilfsmittel zu verwenden. Wenn man etwa zu besonders ängstlichen Pferden mit einem Lasso oder Fähn-

**! Ausrüstung gibt Menschen Sicherheit und das Gefühl, dass alles unter Kontrolle ist. Besonders wenn sie ein Problem mit einem Pferd haben, meinen sie, sie müssten eine spezielle Ausrüstung verwenden, um der Sache Herr zu werden. Dabei sollten sie lediglich zum Ausgangspunkt zurückgehen und die Lücken auffüllen, die durch mangelndes Training und Einfühlungsvermögen entstanden sind. In diesem Fall müsste man aber in der Lage sein, seine eigenen Fehler zu erkennen und zuzugeben – und da ist es bisweilen einfacher, sich mehr Ausrüstung anzuschaffen.**

chen in der Hand kommt, kann es passieren, dass sie damit schon überfordert sind und panisch reagieren.
Es sollte eigentlich unser Ziel sein, völlig ohne Hilfsmittel im Round-Pen mit unserem Pferd kommunizieren zu können. Dies muss nicht gleich von Anfang an klappen, aber wir können darauf hinarbeiten, indem wir immer als Erstes unsere Körpersprache einsetzen.

**Beim Benutzen der verschiedenen Hilfsmittel ist Folgendes zu beachten:**
**Lasso:** Für unsere Trainingszwecke kommt es nicht auf eine tolle Roper-Qualität an, man kann also beruhigt ein sehr preisgünstiges Lasso kaufen. Ich persönlich benutze das Lasso eher selten. Es eignet sich als Verlängerung des Armes, wenn ich mit einem Pferd arbeite, das ich anders nicht in Gang bekomme und das obendrein noch droht, nach mir zu treten. In solchen Fällen gibt mir das Lasso die Möglichkeit, aus sicherer Entfernung trotzdem mit dem Pferd Körperkontakt aufzunehmen. Auch für das Aussacken ist das Lasso sehr gut zu gebrauchen. Bei Ungeübten ist es jedoch häufig eher hinderlich, da die Leute zu lange und zu intensiv damit beschäftigt sind, das Lasso wieder korrekt aufzurollen, nachdem sie es einmal geworfen haben. Dabei geht oft die Verbindung zum Pferd verloren. Außerdem sollte das Lasso nie direkt aufs Pferd geworfen werden, sondern eher dahinter.

Lasso

**Fähnchen:** Ein Stab zwischen 50 und 110 cm Länge (individuelle Längen sind bei unterschiedlichen Pferden empfehlenswert) mit einem Plastikwuschel am Ende ist leicht selbst gebastelt. Auch eine ausgediente Dressurgerte (sie darf nicht zu elastisch sein) oder ein Bambusstab, den man in jedem Gärtnerladen bekommt, eignet sich dazu – aus einer Plastiktüte kann man dann schmale Streifen schneiden und diese am Ende anbringen. Das Fähnchen eignet sich sowohl als kurze Armverlängerung als auch zum Zweck des Aussackens. Ein weiterer Vorteil des Fähnchens gegenüber dem Lasso besteht darin, dass ich damit zur Steigerung sehr groß werden kann, und im nächsten Moment, wenn ich das Fähnchen ganz nah an meinem Körper halte, wieder ganz klein. Wenn man nur kurz damit raschelt, vermag man so auf einfache Weise die Aufmerksamkeit zu erbitten.

Fähnchen

**Halfter:** Ich benutze sowohl Knoten- als auch Nylon-Halfter. Oft wird behauptet, dass bei den Knotenhalftern die Knoten auf gewisse Nervenpunkte am Pferd drücken und dadurch das Pferd ruhiger werden lassen – dies kann ich nicht bestätigen. Außerdem fände ich es eher unverantwortlich für den Laien, derartige Nervenreize zu aktivieren, und es sollte auch nicht über einen langen Zeitraum praktiziert werden.
Weil das Knotenhalfter dünner und zudem noch flexibler zu verstellen ist, eignet es sich nach meiner Erfahrung für viele unserer Übungen besser. Dies heißt zwar nicht, dass es mit dem breiten Nylonhalfter nicht möglich wäre, doch die Pferde

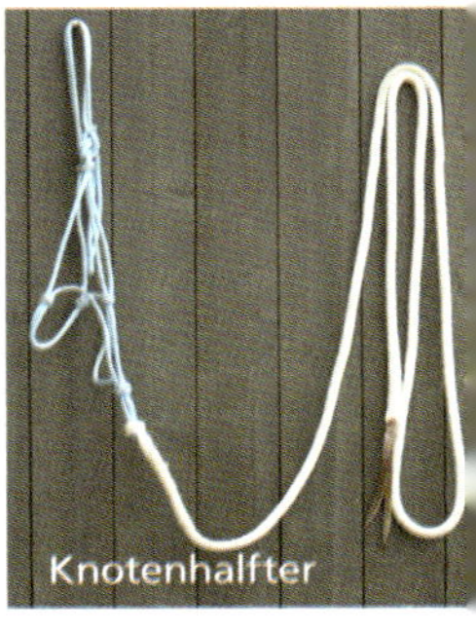
Knotenhalfter

verstehen und lernen leichter, weil die Übertragung durch das dünne Knotenhalfter deutlicher ist.
**Stricke:** Man sollte darauf achten, dass Führstricke keinen Haken haben. Es kann vorkommen, dass man den Strick bei einer Übung etwas schleudert. Mit einem Haken könnte es für das Pferd gefährlich und schmerzlich sein, getroffen zu werden.

# Das Training im Round-Pen

***Die Arbeit im Round-Pen hilft, die psychische Verfassung des Pferdes kennenzulernen, um dann besser auf die Bedürfnisse des Tieres eingehen zu können und ihm zu helfen, eventuelle Probleme wie Angst, Anspannung oder Lustlosigkeit zu bewältigen.***

Viele Menschen glauben, sie brauchen in jedem Fall ein Round-Pen, um ein Pferd zu trainieren.
Natürlich schafft das Round-Pen einem sehr viele Möglichkeiten, aber es ist nicht – wie bereits eingangs erwähnt – eine Grundvoraussetzung für das Pferdetraining. Manchmal finde ich es sogar sehr erschreckend, in welcher Form die Arbeit im Round-Pen missverstanden wird und andererseits die vielen verschiedenen Möglichkeiten des Round-Pens völlig außer Acht gelassen werden.

**Die Arbeit im Round-Pen darf keinem starren Schema folgen, sondern muss sich an den Bedürfnissen des jeweiligen Pferdes orientieren**

Die Methode, jedes Pferd zu scheuchen, bis es sich unterwirft und Zeichen der Erschöpfung zeigt, wird leider von vielen Trainern angewandt und ist im Grunde nur bei sehr wenigen Pferden in seltenen Situationen gerechtfertigt.
Die einzigen Pferde, bei denen diese Methode wirklich angebracht ist, sind solche, die aus einem besonderen Grund extrem aggressiv sind, etwa eine Verabscheuung des Menschen. Nun gilt es zunächst herauszufinden, ob das Pferd wirklich deshalb aggressiv ist, denn in vielen Fällen zeigt sich ein ähnliches Verhalten auch bei sehr ängstlichen Pferden aus Selbstschutz. Hier dürfte jedem klar sein, dass ein ängstliches Pferd in seiner aggressiven Einstellung noch bestätigt wird, wenn wir es so lange im Round-Pen herumscheuchen, bis ihm die Lungen brennen. Doch zu diesen Pferden später mehr.
Wenn wir nun tatsächlich ein Pferd haben, das den Menschen so sehr verabscheut, dass es aggressiv ist, so ist es bedeutsam, auch den Wendepunkt im Training zu erkennen. Es kann hier durchaus sein, dass es erst einmal nötig ist, so groß zu werden (Pferd arbeiten lassen, von einem wegtreiben), um das Pferd zu motivieren, etwas verändern zu wollen, nämlich die Einstellung zu uns. Dies zeigt es etwa durch die häufig beschriebenen Zeichen wie Lecken und Kauen und/oder Kopfsenken. Aber

Mit dem Senken des Kopfes zeigt mir das Pferd, dass es sich entspannt und bereit ist, mit mir zu arbeiten und meine Vorschläge anzunehmen.

auch dies ist nicht bei jedem Pferd der Fall. Es gibt Pferde, die derart angespannt sind, dass sie diese Demonstrationen nicht schaffen, solange sie herumgescheucht werden. Sobald man sie jedoch langsamer laufen lässt, können sie entspannen und die Zeichen geben.

Man läuft leicht Gefahr, dem Pferd sowohl seelisch als auch körperlich zu schaden. Es liegt an unserem Einfühlungsvermögen als Ausbilder, zu erfassen, wann das Pferd bereit ist, die Abneigung gegen uns fallen zu lassen und mit uns zu arbeiten. Dies erkennt man bisweilen nur daran, dass das Pferd beginnt, schneller auf unsere Vorschläge wie beispielsweise Richtungs- oder Tempowechsel zu reagieren, manchmal wird auch nur der Gesichtsausdruck etwas sanfter oder die Bewegung ein wenig weicher. All diese Zeichen können sichtbar werden, lange bevor es den Kopf senkt oder leckt und kaut.

Ist es nicht verständlich, dass ein Pferd, das ohnehin schon eine große Abneigung gegen Menschen hat und dann noch gescheucht wird, in seinem inneren Widerstand bestätigt wird? Möglicherweise bietet es sich am Ende vielleicht wirklich an und unterwirft sich uns, aber fühlt es sich gut dabei oder hat es einfach nur den einfacheren Weg gefunden, aus diesem Round-Pen wieder herauszukommen? Wie man sieht, ist sogar hier diese Methode, die viel zu oft eingesetzt wird, sehr kritisch zu beurteilen.

**Andere Charaktere – gleiche Methoden?**

Hat man nun mit anderen Pferdecharakteren zu tun, so ist die Methode nicht nur kritisch zu bewerten, sondern verwerflich. Ein sehr ängstliches Pferd mit aggressiven Anzeichen, um sich selbst zu schützen, würde ich mit einem Verhalten, wie es in der Monty-Methode empfohlen wird, nur in seiner Angst bestätigen. Dieses Pferd hat ohnehin Scheu vor dem Menschen, daher ist es keinesfalls angebracht, es als Raubtier getarnt vor sich herzutreiben. Im Gegenteil, diese Pferde brauchen sehr viel Zeit und Geduld – und nur ganz wenig Anleitung. Ein Ausbilder, der diesen Pferden ausreichend Platz gibt und wenig Aufwand betreibt, wird wesentlich schneller das Vertrauen gewinnen als jemand, der es herumscheucht. Diese Pferde sollten nur dann weggetrieben werden, wenn sie direkt Aggressivität uns gegenüber zeigen, und nur so weit weg, dass sie die Gedanken entweder ändern oder nicht mehr gefährlich sein können. In diesem Fall wird das Pferd sehr bald erkennen, dass ihm keiner etwas Böses anhaben will, und sich bald dem Ausbilder zuwenden, dankbar, dass er ihm die Angst nahm. Denn es ist nicht nur uns Menschen unangenehm, in Furcht zu leben.

**Wenn unsere Absicht in erster Linie die ist, dem Pferd zu uns zurückzuhelfen, anstelle zu kritisieren, dass es uns verlassen hat, fühlt es sich viel wohler, wenn es zu uns zurückkommt**

Bei ängstlichen Pferden ohne aggressive Anzeichen sollte man sogar noch sanfter vorgehen: So sind ein paar Aufenthalte im Round-Pen empfehlenswert, unter Umständen ohne jegliche Bewegung. Auf jeden Fall ist es nötig, dem Pferd kleine Entscheidungen zu überlassen, um es selbstständiger zu machen. Selbstständigkeit fördert auch Selbstbewusstsein, mindert die Angst und kann Vertrauen aufbauen. Wenn man diese Pferde ganz vorsichtig, Schritt für Schritt, an mehr Energie und Bewegung und an häufigere Veränderung in Tempo und Richtung im Round-Pen hinführt, so wird es niemals vor uns flüchten müssen, um dann wieder zu uns kommen zu dürfen.

**Individualität ist gefragt**

Es gibt beispielsweise auch Pferde, die nicht vor uns Menschen Angst haben, sondern vor anderen Dingen. Dies zeigt sich oft daran, dass sie regelrecht an uns kleben und wir Probleme haben, sie von uns weg zu bekommen. Andere wiederum wissen aus Erfahrung, dass es überaus unangenehm sein kann, sobald man weggeschickt wird, und deshalb am Menschen hängen. Gleiches Verhalten, unterschiedliche Ursache – auch das ist ein Grund, warum man nicht immer nach dem gleichen Prinzip arbeiten sollte.

Bei solchen Pferden würde ich folgendermaßen vorgehen: Ein Pferd, das auf keinen Fall von uns weg möchte, sei es aus Angst oder Unsicherheit, oder dem es in unserer Nähe angenehmer ist, als draußen zu laufen, schicke ich nur ein oder zwei

Schritte von mir weg, um es dann sofort wieder zu mir kommen zu lassen. Dies wiederhole ich und steigere langsam die Anzahl der Schritte. Auf diese Art und Weise kann das Pferd feststellen, dass es gar nicht so schlimm ist, ein wenig Abstand zu mir zu bekommen, dass es deshalb nicht gleich extrem anstrengend wird und schon gar nicht furchteinflößend. Es ist auch nicht nötig, bei diesen Pferden regelmäßig Galopp- und Trabarbeit im Round-Pen durchzuführen, viel wichtiger ist es, dass sie sich in jedem Abstand zu uns gut fühlen, dann werden die Bewegungsabläufe später weich und angenehm sein.
Ein weiterer Typ, bei dem ich diese Methode anwenden würde, sind die Pferde, die in meiner Nähe auch gedanklich bei mir sind, aber sobald ein Abstand entsteht, fliehen und sich geistig außerhalb des Round-Pens befinden. Hier ist es wichtig, das Pferd nur ein oder zwei Schritte wegzuschicken, um zu sehen, wie groß der Abstand sein kann, ohne dass man die geistige Verbindung verliert. Kommt es gleich nach meiner Aufforderung zu mir zurück, so kann ich die Anzahl der Schritte langsam steigern. Flieht es jedoch zunächst, so muss ich daran arbeiten, die geistige Verbindung länger zu halten, indem ich den gleichen kurzen Abstand so lange wiederhole, bis es schneller zu mir zurückfindet.

**Es gibt also unzählige Variationen, im Round-Pen zu arbeiten, die oben genannten zeigen dies nur exemplarisch. Vor allem kommt es darauf an, die Bedürfnisse des Pferdes richtig einschätzen zu können und ihm durch die richtige Wahl der Methode zu helfen.**

Ein ängstliches Pferd schicke ich anfangs nur zwei Schritte von mir weg, um es gleich wieder einzuladen und ihm damit Vertrauen zu geben.

Ein eher fliehendes Pferd schicke ich auch nur wenige Schritte weg, um zu sehen, wie viel Meter unsere »geistige Verbindung« hält.

# *Buddy – Perfektion ist nicht alles*

*Ich hatte schon zwei Jahre in Amerika gelebt, gearbeitet und Pferde trainiert, mit dem dritten Jahr lief meine Zeit dort ab. Bevor ich jedoch zurück nach Deutschland ging, wollte ich unbedingt mehr über Horsemenship und Pferdetraining auf die sanfte Weise lernen. Also habe ich mich für das Qualifikationsprogramm von John Lyons beworben. Allerdings hatte ich nicht sehr viel Hoffnung, dort angenommen zu werden, denn man brauchte Nachweise über Trainings- und Turniererfahrung oder einen bereits bekannten Namen. Ich erfüllte keine der drei Bedingungen.*

*Dennoch habe ich den Mut gefasst und ein Bewerbungsschreiben samt einer Empfehlung meines Bosses weggeschickt. Es folgten Wochen der Anspannung und die Hoffnung, akzeptiert zu werden, sank immer mehr. Pro Jahr wurde nur eine sehr begrenzte Anzahl von Schülern angenommen, die dann später im Namen von John Lyons, damals als der beliebteste Pferdetrainer in ganz Amerika und Kanada bekannt, unterrichten und ausbilden durften.*

*Kurz vor meiner Heimreise drängte mich mein Boss, doch einmal bei John Lyons' Büro anzurufen, damit das ewige Warten ein Ende hatte. Mit Widerwillen folgte ich seinem Vorschlag, hoffte, nur bis zum Anrufbeantworter durchzukommen, um nicht enttäuscht zu werden. Doch überraschenderweise hob die Sekretärin ab, und ich stammelte so etwas wie: „Hallo, hier ist Simone Marsoobian, und wie läuft's?"*

*Die Sekretärin klang ein wenig erstaunt und fragte: „Was meinen Sie mitwie läuft's'?" Endlich hatte ich mich etwas gefasst und erklärte ihr, dass ich mich für das Certification-Programm beworben hätte und nun wissen wollte, ob ich akzeptiert worden sei. Sie wimmelte mich jedoch ab und meinte nur, dass noch keine endgültige Auswahl getroffen worden war. Mein Boss, der das Gespräch mithörte, drängte mich, nachzuhaken, was mir äußerst peinlich war. Also versuchte ich der Dame zu erklären, dass ich unbedingt wissen müsste, ob ich am Programm teilnehmen konnte, da ich kurz vor meinem Heimaturlaub stand und meine Eltern um finanzielle Unterstützung für diese Privatschule bitten musste. Nun schien die Sekretärin endgültig genervt, und ich verfluchte insgeheim meinen Boss. Sie steckte mich in eine Warteschleife, und nach mir endlos scheinenden fünf Minuten war sie wieder am Telefon mit der Nachricht, dass mein Name auf der auserwählten Liste stand. Mich traf fast der Schlag, und als mein erstes Glücksgefühl verebbte, überkamen mich plötzlich jede Menge Bedenken: Was ist, wenn ich einfach nichts kapiere und alle anderen schon viel mehr wissen? Was passiert, wenn ich das Geld doch nicht auftreiben kann? Was soll ich machen, wenn ich gar nicht gut genug bin und sie mich wegen Unfähigkeit nach ein paar Wochen wieder rausschmeißen? Voller Zweifel flog ich nach Deutschland und habe meine Eltern überzeugt, mir das Geld für die Schule zu leihen. Zum Glück habe ich Eltern, die mich in allem, was ich tue, und sei es noch so verrückt, unterstützen und an mich glauben. Mit dem Geld und den Zweifeln flog ich zurück nach Denver, Colorado, und bereitete mich auf meinen ersten Blockunterricht vor. In den Unterlagen, die mir mittlerweile zugesandt worden waren, befanden sich alle Hausregeln, Wegbeschreibung, eine Liste der Teilnehmer (ich vergewisserte mich, ob mein Name auch wirklich darauf stand) und die Voraussetzungen für die Teilnahme – ich musste zwei Pferde mitbringen, die mich die ganzen acht Monate begleiten sollten, ein reitbares und ein rohes Pferd.*

*Doch wo sollte ich jetzt ein reitbares Pferd hernehmen? Mein ursprünglicher Plan war, dass ich Buddy, einen vierjährigen Araber, den ich zwei Jahre zuvor in Kalifornien geschenkt bekommen hatte und der immer noch völlig roh und unkontrollierbar war, mitzunehmen. Durch meine anstrengende und zeitraubende Arbeit auf der Ranch hatte ich es einfach nicht geschafft, meinem eigenen Pferd irgendwelche Aufmerksamkeit zu schenken. Dies störte Buddy jedoch nicht im Geringsten, da er in einer Herde mit 85 Pferden auf einem Grundstück von circa 40 Hektar stand. Das zweite Pferd, das mir zur Verfügung stand, war C.C., ein dreijähriger Paint Hengst, ebenfalls völlig roh, den mein Boss auswählte, weil er wusste, dass sein Goldstück damit das beste Training bekam, das er ihm bieten konnte.*

*Es war Januar, die Schule begann im März, ich hatte also knapp drei Monate Zeit, aus Buddy ein „reitbares“ Pferd zu machen. Inmitten der 40 Hektar bauten mein Boss und ich ein Round-Pen auf. Es kam immer darauf an, wo sich die Herde gerade befand, manchmal brauchte ich eine ganze Stunde, nur um Buddy zum Round-Pen zu bringen. Zum Glück war zu dieser Jahreszeit nicht sehr viel los auf der Ranch, und so konnte ich an manchen Tagen nur halbtags arbeiten, um Zeit zu haben, meinen Buddy reitbar zu machen. Reitbar, was meinten die Offiziellen wohl damit? Unter Sattel, ein-, zweimal geritten worden zu sein? Wohl kaum. Schritt, Trab und Galopp, Anhalten, Rückwärtsgehen? Vielleicht das ganze Programm, am besten noch fertig für eine Reining (Western-Dressur)? Unmöglich! Irgendwann war es mir egal, ich war sowieso schon darauf gefasst, dass ich das schwarze Schaf der Gruppe war, da ließ ich mich nun auch nicht hetzen.*

*Wir kamen nicht so oft zum Üben, wie ich es mir gewünscht hätte, aber bei 30 cm Neuschnee an vielen Tagen im Januar war an Training einfach nicht zu denken. Bei schönem Wetter hatten wir Arbeit auf der Ranch, auch da konnte ich nur wenig trainieren. Ich hatte mich bereits darauf eingestellt, dass ich wohl mit dem schlechtest ausgebildeten Pferd in der Schule herausstechen würde, und mir dann ausgemalt, dass ich dadurch vielleicht besondere Aufmerksamkeit von unserem Ausbilder bekommen könnte. Buddy war indes sehr willig und machte mir niemals Probleme. Für die kurze Zeit, die wir zur Verfügung hatten, sind wir erstaunlich weit ge-*

*kommen. In der Woche vor meiner Abreise konnte ich Buddy ohne Zögern satteln, aufsteigen und im Round-Pen alle drei Gangarten reiten. Er hielt an und ging auch schon ein klein wenig rückwärts. Mit ihm war ich sehr zufrieden, mir selbst machte ich allerdings Vorwürfe, weil ich mir nicht öfter Zeit genommen hatte und wir uns nun voraussichtlich jämmerlich blamieren würden. Der Tag der Abreise nahte, und ich verbrachte zwei Tage mit Packen, wir mussten alles selbst mitbringen, auch das Heu für die erste Woche, Planen, um die Paddocks abzudecken, Wasserbottiche, Mistgabel, Einstreu, Schaufel, Besen, Sattel, Verbandsmaterial, sämtliche Pflegeartikel und Essen für mich. Mein Auto, ein Ford Explorer, war im Nu randvoll, und auch der Pferdeanhänger war mit zwei Pferden fast am Ende seiner Kapazitäten. Der Rest musste aufs Dach. Mit dem schäbigen alten Pferdeanhänger und dem Schubkarren auf dem Autodach sah ich aus wie die Hill Billys, als ich mich dann endlich eines frühen Morgens auf den Weg machte. Fünf Stunden später kam ich in Parachute, Colorado, an. Beim Blick auf die Trainingsanlage hätte ich allerdings am liebsten wieder kehrtgemacht: Da stand ein großer Pick-up-Truck neben dem anderen, mit vier bis fünf Pferdeanhängern samt integrierter Sattelkammer und manchmal sogar mit Wohnabteil. Alles glänzte und schimmerte, und ich kam mir unwahrscheinlich klein und unbedeutend vor mit meinem Schubkarren auf dem Autodach.*

*Als ich einen Parkplatz etwas abseits suchte, meinte ich die amüsierten Blicke hinter meinem Rücken zu spüren. Ich redete mir ein, dass mir das ja überhaupt nichts ausmache, da ich schließlich nur hier sei, um mehr über Pferdetraining zu lernen. Zwei der anderen Absolventen boten mir Hilfe beim Aus- und Abladen an und zeigten mir die zwei Paddocks, die für mich reserviert waren. Alle anderen Teilnehmer, die sich mir vorstellten, schienen sehr nett, dennoch war ich etwas eingeschüchtert. Da war die Millionärin aus Florida, die mit ihren zwei Show Quarter Horses teilnahm, die Besitzerin eines großen Geschäfts aus Tennessee, der Manager einer riesigen Trainingsranch aus Texas, die Großgrundbesitzerin und Pferdezüchterin aus Kalifornien usw. Ich nahm mir vor, immer schön im Hintergrund zu bleiben und hoffentlich nicht zu sehr aufzufallen, mich dann nach dem ersten Blockunterricht zurückzuziehen, alles extrem oft zu üben und anschließend für den nächsten Block besser vorbereitet zu sein.*

*Nach der offiziellen Begrüßung am darauf folgenden Morgen gingen wir alle zum Trainingsgelände und sattelten unsere reitbaren Pferde. Unser Ausbilder wollte wissen, wo wir standen, um sich ein Bild machen zu können. Mir war etwas mulmig zumute, und ich stellte mich darauf ein, dass er wohl mich herauspicken würde nach dem Motto, jedes Team ist nur so gut wie das schlechteste Glied. Mir wurde übel, und ich war am Überlegen, ob ich nicht gleich am ersten Tag aufgeben sollte. Aber Buddy war gesattelt, und ich wollte nicht als Weichei dastehen. Einige Schüler waren bereits auf dem riesigen Reitplatz, und ich schaute ihnen zu, wie sie mit der teuersten Ausrüstung ein Spin (Spin: kommt aus der Western Dressur: Das Pferd dreht sich sehr schnell im Kreis, wobei es auf dem inneren Hinterbein steht) nach dem anderen machten. Ich begutachtete mein zerrissenes Pad und wünschte mir, dass ich doch auf solche äußeren Dinge ein bisschen mehr Wert gelegt hätte. Zu spät, es gab kein Zurück. Ich nahm Buddy, und wir betraten den Reitplatz. Buddy war aufgeregt, bisher hatte ich ja nur im Round-Pen mit ihm gearbeitet, ganz allein, umgeben von 40 Hektar Koppel. Hier waren noch zehn andere Pferde auf dem Reitplatz, der etwa so groß war wie vier Fußballfelder. Buddy wusste gar nicht, wo er zuerst hinsehen sollte. Er war so nervös, dass er kaum ruhig stehen wollte, also wartete ich einen passenden Moment ab und schwang mich schnell in den Sattel. Geschafft, dachte ich, nun kann die eigentliche Blamage beginnen. Ich versuchte gar nicht erst mitzuhalten, denn das wäre Buddy gegenüber nicht fair gewesen, von all den Spins, Stopps, Schenkelweichen, fliegenden Galoppwechseln, die von vielen der anderen praktiziert wurden, waren wir weit entfernt.*

*Ich bemühte mich, alle um uns herum zu vergessen, und beschränkte mich auf die Dinge, die Buddy konnte. Dabei konzentrierte ich mich auf ihn und stellte mir vor, wir wären wieder in unserem Round-Pen ganz für uns allein. Buddy schaute sich interessiert um und absolvierte alles, was ich von ihm verlangte, so gut er eben konnte, wir wechselten von Schritt zu Trab und von Trab zu Galopp, dann wieder Trab, hielten an, gingen zwei Schritt rückwärts und wechselten auf die andere Hand, wo wir das Gleiche noch mal wiederholten. Wir waren so vertieft, dass uns erst gar nicht auffiel, als es um uns herum leer wurde. Nachdem ich schließlich aufschaute, bemerkte ich, dass der Ausbilder alle zu sich gerufen hatte, um etwas mit uns zu besprechen. Die Röte stieg mir ins Gesicht, denn alle standen schon bereit, sahen mir zu und warteten, bis auch ich endlich so weit war, um mich dem Schulprogramm einzuordnen. So viel zum Thema „nicht auffallen", dachte ich für mich. Als ich nun auch bei der Gruppe angekommen war, fing der Ausbilder an zu reden: „Ich hab euch allen lange zugesehen …", – jetzt kommt's, war ich mir sicher, jetzt macht er mich nieder – „… und ich bin mit euch allen sehr zufrieden, aber ich möchte, dass ihr noch mal zuseht, wenn Simone mit ihrem Buddy reitet …" – Oh nein, dachte ich, so eine Blamage! Doch er fuhr fort: „… was mir bei den zweien auffällt, ist die Freude, die Buddy ausstrahlt bei allem, was er für Simone tun darf, sie schlägt etwas vor, und Buddy setzt es mit einem derartigen Eifer und einer Freude um, die vielen weiter ausgebildeten Pferden fehlen." – Ich traute meinen Ohren kaum, redete er wirklich über mich? Schließlich ergänzte er: „In den nächsten acht Monaten werden wir hier gemeinsam trainieren, und keines der Pferde wird am gleichen Ausbildungsstand sein, wenn wir fertig sind, weil jedes Pferd ganz unterschiedlich lernt, aber unser Ziel bei allen dieser Pferde sollte sein, dass sie mit der gleichen Freude ihre Arbeit verrichten, wie es Buddy uns heute gezeigt hat."*

*Aus Scham geweint habe ich an diesem Tag nicht, ich kann aber nicht abstreiten, dass ich die eine oder andere Freudenträne in den Augen spürte!*

# 3 *Arbeit am frei laufenden Pferd*

*Jedes Pferd braucht ein individuelles Ausbildungs-Programm. Die Grundregeln der Körpersprache aber kann jedes Pferd verstehen lernen, ganz gleich, ob es in einer Wildherde oder mit Menschen aufgewachsen ist. Wichtig ist, dass der menschliche Partner des Pferdes sich dessen Sprache aneignet, bevor er erwartet, dass das Tier etwas von ihm lernt.*

# Körpersprache – Kommunikation ohne Worte

Kennen Sie das Spiel „Red light – Green light" oder auf Deutsch „Rotlicht – Grünlicht"? Dabei stellt sich eine Gruppe mit mehreren Kindern in einer Reihe nebeneinander auf, und immer wenn man „Grünlicht" ruft, rennen sie los, und wenn man „Rotlicht" ruft, müssen sie alle sofort stehen bleiben. Gewinner des Spiels ist derjenige, der es als Erster schafft, trotz der diversen Rot- und Grünlichtphasen durchs Ziel zu stürmen. Sie können sich vorstellen, dass sowohl das Loslaufen als auch das Anhalten sehr abrupt und hart vonstatten geht, wenn jeder das Spiel ernst nimmt und gewinnen möchte. Spielen Sie es einfach und probieren Sie es einmal aus! Überlegen Sie dabei, wie sich das anfühlt, wenn man auf ein kleines Wort reagieren soll, aber keinerlei Vorwarnung bekommt. Können Sie sich vorstellen, dabei etwas unter Anspannung zu stehen?

**Nicht nur das Pferd lernt, auf die Körpersprache des Menschen zu reagieren. Auch der Mensch muss lernen, auf die Signale zu achten, die das Pferd aussendet. Durch unsere Art und Weise, auf das Pferd einzugehen, beginnt es sich bei uns wohl zu fühlen**

Genau so könnte es dem Pferd ergehen, wenn wir von ihm erwarten, dass es lediglich auf Stimmenkommandos hört. So manches Tier versucht dann, möglichst schnell zu reagieren, und ist deshalb nicht in der Lage, einen geschmeidigen, weichen Übergang in die nächste Gangart zu vollbringen. Andere geben den Versuch auf und werden zäher in ihrer Reaktion; in diesem Fall bedarf es nicht eines Stimmenkommandos, sondern immer mehrerer.

Nun stellen Sie sich vor, wir bauen noch ein „Gelblicht" wie bei der Verkehrsampel mit ein. Das Gelblicht bereitet auf eine Veränderung vor: Bevor wir im Spiel also „Rotlicht" rufen, sagen wir „Gelblicht – Rotlicht", und bevor wir „Grünlicht" bekannt geben, sagen wir „Gelblicht – Grünlicht". Das Gelblicht hat nur die Funktion, unsere Mitspieler vorzuwarnen, dass gleich eine Veränderung ansteht und man sich schon mal bereitmachen kann.

Sie werden merken, wie mit einem Mal die Übergänge nicht mehr abrupt kommen und vor allem die Stopps weniger hart vollzogen werden.

### Sanfte Signale erzielen geschmeidige Übergänge

Nun können Sie vielleicht verstehen, warum wir beim Umgang mit Pferden immer erst ein sehr kleines Signal geben und dann langsam steigern.

Nachdem im normalen Herdenverhalten der Pferde untereinander keinerlei Worte fallen und die Kommunikation trotzdem einwandfrei funktioniert, verzichte auch ich weitestgehend auf Wortkommandos. Als Stimmenkommando nutze ich lediglich ein Zungenschnalzen, um die Aufmerksamkeit des Pferdes zu bekommen, oder ein Lob nach getaner Aufgabe.

**Wer trotzdem gerne mit Stimmenkommandos arbeiten möchte, sollte dabei folgende Dinge beachten:**

**1** Man kann das Stimmenkommando in die Steigerungskette mit einbauen, d.h., ich beginne mit einem leichten Signal aus der Körpersprache und steigere dann mit einem Wortkommando.

**2** Das jeweilige Stimmenkommando sollte kurz und leicht verständlich sein.

**3** Immer wieder höre ich, wie Menschen versuchen, ihr Pferd mit „komm, hopp, auf, los, na mach schon!" vorwärts zu bewegen, und sich wundern, warum keines der vielen Angebote funktioniert. Überschwemmen wir das Pferd mit vielen Kommandos für die gleiche Aufgabe, wirkt das überaus irritierend. Deshalb: Für jede Übung oder Aufgabe gibt es ein einziges Kommando, das konsequent eingesetzt werden sollte.

**4** Genau wie die anderen Hilfen sollte auch das Stimmenkommando nur einmal gesagt werden, dann muss eine Steigerung aus der Körpersprache folgen. Wenn ich fünf Mal das Gleiche sage, verliert es an Bedeutung.

**5** Falls das Pferd dennoch abrupt auf das Stimmensignal reagiert, z.B. beim Beschleunigen zu hastig anspringt, empfehle ich, sich auf die Körpersprache zu beschränken.

**Das Pferd muss die Freiheit haben, nach der richtigen Antwort zu suchen, auch wenn das manchmal zunächst eine falsche Antwort bedeutet. Sonst wird das Suchen immer mit Angst verbunden sein**

### Wirkungsvolle Punkte für die Körpersprache

Es gibt bestimmte Körperteile beim Pferd, die gewissermaßen die Funktion einer Schaltstelle innehaben. Die Basispunkte, an denen man sich orientieren sollte, sind die Schulter, die Hinterhand und der Kopf. Je nachdem, in welchem Abstand ich zu dem jeweiligen Körperteil stehe und welche Energie von mir ausgeht, kann ich das Pferd stoppen, es zu mir herholen oder von mir wegschicken.

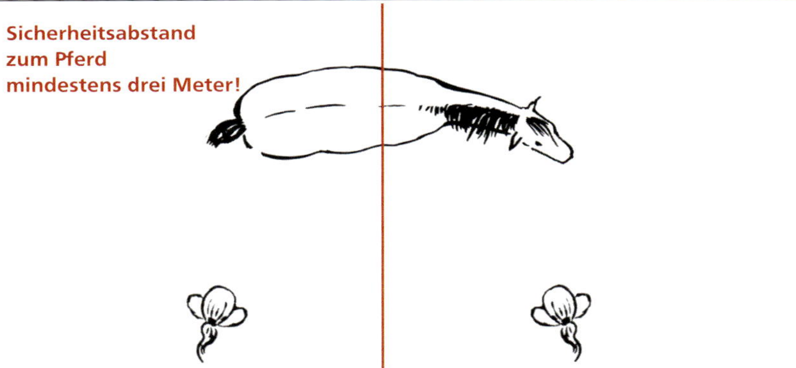


Befinde ich mich in dieser Position zum Pferd, bin ich in einer treibenden Position.

Befinde ich mich in dieser Position zum Pferd, fordere ich das Pferd zum Stehenbleiben oder Drehen auf.

# Wegsenden

Bevor ich mein Pferd wegsende, teste ich immer erst einmal aus, wie seine Stimmungslage ist. Nachdem ich ihm das Halfter abgenommen habe, beobachte ich seine Reaktion, lasse es bei Bedarf wälzen und das Round-Pen erkunden. Langsam beginne ich dann, mich unter Einsatz meiner Körpersprache einzuklinken, mich im Round-Pen hin und her zu bewegen, um zu sehen, wie das Pferd auf mich reagiert, wie es sich fühlt und inwieweit es auf mich zukommt, ohne dass ich es je weggeschickt habe.

Beim Wegsenden ist meine Ausgangsposition zwischen Hals und der Schulter des Pferdes, von hier aus gehe ich weiter auf das Pferd zu und deute mit einem Finger auf sein Gesicht, um dieses von mir weichen zu lassen, mit dem anderen Arm kann ich auch noch etwas nachhelfen, indem ich ihn hebe und somit der Hinterhand signalisiere, sich in Bewegung zu setzen. Hierbei laufe ich weiter auf die Schulter des Pferdes zu.

Es wäre wünschenswert, dass der erste Schritt, den das Pferd von mir weg macht, ein Weichen ist, indem es sich mit der Vorhand seitlich bewegt und nicht geradeaus losläuft und mich dabei fast umwirft. Schon in der Art und Weise, wie sich das Pferd von uns entfernt, zeigt es, wie es uns gegenüber eingestellt ist, ob es Respekt zeigt (es weicht seitlich vor uns aus), Angst hat (es rennt fluchtartig davon) oder eher etwas dominant ist (es läuft geradeaus los, ohne uns dabei zu berücksichtigen).

Möchte sich das Pferd beim Betreten des Round-Pens wälzen, sollte man das zulassen. Dann muss das Pferd nicht weiter darüber nachdenken.

**1** Ich bewege mich auf Scouts Schulter zu und baue mit meinem Fingerzeig auf seinen Kopf und seine Schulter optischen Druck auf.

**2** Hier sieht man, wie Scout vor meinem Fingerzeig weicht und den Kopf zur Seite wegdreht.

**3** Auch sein erster Schritt soll ein Seitwärtsschritt von mir weg sein, der zeigt, dass er von mir weicht.

### Aufmerksamkeit halten

Solange das Pferd sich nah bei uns befindet, widmet es uns auch zumeist die volle Aufmerksamkeit. Wenn wir es aber wegschicken und das Pferd erst einmal am Zaun steht, ist auch die Aufmerksamkeit dahin. Deshalb ist es wichtig zu überprüfen, ob mein Pferd auch dann noch auf mich achtet, wenn sich unser Abstand vergrößert. Hierzu sende ich es hinaus, um es, gleich nachdem es sich zwei Schritte von mir entfernt hat, wieder zu mir einzuladen, entweder über das „Vereinen" (Näheres auf Seite 52) oder aber über „Hinterhand herein" (siehe auch Seite 59). Reagiert das Pferd prompt, so vergrößere ich langsam den Abstand, tut es das aber nicht, werde ich diese Übung mit vielen Variationen wiederholen, mal nach einem Schritt wieder einladen, mal nach drei oder vier. Dies dient dazu, das Pferd zu lehren, die Aufmerksamkeit auch bei immer größer werdendem Abstand bei mir zu halten und mich zwar körperlich, aber nicht geistig zu verlassen.

### Verbindung unterbrechen

Wir stehen beim Pferd und streicheln es, nachdem wir es zu uns hereingeholt haben. Nun soll es entspannen und sich wohl fühlen. Würden wir es aus dieser Position wieder wegschicken, um weiterzuarbeiten, könnte es nie richtig relaxen, weil es immer erwartet, erneut weggeschickt zu werden. Entfernen wir uns aber ein paar Schritte, um einen neuen Anfang zu starten, und verdeutlichen das noch mit dem Heben eines Armes, so weiß das Pferd: Nun kommt etwas Neues – und kann sich darauf einstellen.

**1** Ich stehe bei Scout und streichle ihn, dies zeigt ihm, dass er sich entspannen kann.

**2** Ich drehe mich von ihm weg und entferne mich von ihm. Damit er das nicht missversteht und meint, er soll mir hinterherlaufen, hebe ich den Arm und unterbreche somit unsere Verbindung.

## Unterschiede deutlich machen

Es ist wichtig, dass das Pferd klar unterscheiden kann, mit welcher Absicht ich auf es zugehe. Einmal möchte ich es streicheln, ein anderes Mal gehe ich mit der Absicht, es wegzusenden, um es im Round-Pen laufen zu lassen.

Je deutlicher ich die Unterschiede mache, umso klarer wird dies vom Pferd verstanden, es wird nicht unter Strom stehen im Zweifel, ob es nun weggeschickt wird oder stehen bleiben soll. Ist es sich dennoch unsicher, hilft es, das Pferd im Round-Pen stehen zu lassen, die Verbindung zu unterbrechen und dann auf es zuzugehen und es zu streicheln. Hat es das nach mehreren Wiederholungen aufgenommen und versucht nicht mehr loszulaufen, sobald ich auf es zugehe, so entferne ich mich wieder und laufe diesmal darauf zu mit der Absicht, es wegzuschicken, indem ich die vordere Hand auf das Gesicht deute, eventuell auch schnalzende Geräusche von mir gebe und mit mehr Energie herantrete. Diese zwei Möglichkeiten wiederhole ich abwechselnd, bis das Pferd den Unterschied verstanden hat.

**Pferde sind Meister darin, unsere Absicht zu lesen. Deshalb sollte unsere Absicht nie die sein, sie davonzutreiben**

**1** Möchte ich auf mein Pferd zugehen, um es zu streicheln, so halte ich meine Hände an meinem Körper und beobachte seine Kopfhaltung.

**2** Wenn ich auf Scout zulaufe, zeige ich ihm deutlich mit meinen erhobenen Armen, dass er nun weglaufen soll.

## Die Absicht ist wichtig

Unsere Absicht, mit der wir das Pferd wegsenden, ist letztendlich ausschlaggebend, wie es reagiert. Scheuchen wir das Pferd weg, um es zu treiben, so wird es wohl weniger erfreut zu uns zurückkommen, als wenn wir es wegsenden, um es gleich wieder hereinzuholen oder um mit ihm spielerisch zu arbeiten.

# Gangarten

**Warum sind verschiedene Gangarten so wichtig?**
Die Absicht und das Ziel bei der Arbeit am frei laufenden Pferd sind, wie bereits erwähnt, dass wir eine Kommunikation aufbauen und die Aufmerksamkeit des Pferdes erhalten. Aus diesem Grund ist es wichtig, viel Abwechslung in unsere Arbeit zu bringen und nichts so lange zu wiederholen, dass das Pferd aus Langeweile geistig abschaltet – und dies kann sehr schnell passieren. Stetige Wechsel in der Gangart fordern das Pferd immer wieder dazu auf, seine Aufmerksamkeit auf uns zu richten, und machen auch die Arbeit für das Tier interessanter, als Runde um Runde in der gleichen Weise, ohne jegliche Veränderung, zu absolvieren.
Außerdem erfahren wir gerade bei den Übergängen von einer Gangart in die nächste sehr viel über die Einstellung des Pferdes zu dieser Arbeit und auch uns gegenüber. Die Art und Weise, wie bereitwillig das Pferd in eine andere Gangart wechselt, sagt mir, ob es gerne bereit ist, seine eigenen Gedanken umzulenken und mit meinem Vorschlag, meinen Gedanken zu gehen. Reagiert es auf mein Angebot, das Tempo zu wechseln, prompt und fließend, heißt das für mich, dass es mich als Leittier anerkennt und sich bereitwillig von mir führen lässt. Tut es das nicht, so bedeutet das, dass es an seinen eigenen Gedanken festhält und mich nicht so weit akzeptiert hat, dass es einen Änderungsvorschlag von mir annehmen wird. Dies wirkt sich in der Folge auch im Reiten und im täglichen Umgang aus.

**Es ist nicht wichtig, ob ein Pferd seine Beine in die von uns gewünschte Richtung bewegt, sondern wie es sich dabei fühlt. Wenn wir es dazu zwingen, wird es lediglich seine Beine bewegen, aber wenn wir es schaffen, dass es die Beine gerne dorthin bewegen will, wird es das tun und sich dabei noch gut fühlen**

**Widerwillen deutlich machen ist erwünscht!**
Gerade bei der Beschleunigung von Trab zum Galopp zeigen Pferde oft Abneigung, indem sie den Kopf schlagen, buckeln oder sogar austreten. Dies kann sowohl Abneigung gegen die Arbeit an sich als auch gegen die Gattung Mensch bedeuten. Diese Anzeichen sollte man keinesfalls ignorieren, denn Pferde lügen nicht! Und solange ein Pferd diese Einstellung hat, ist es nicht empfehlenswert, sich darauf zu setzen und zu erwarten, dass nun alles harmonisch abläuft. Auch sollte man diese Pferde nicht unbedingt für diese Abneigung tadeln, letztendlich wollen wir ja, dass sie ihre Gefühle offen zeigen, und dies sind nun einmal ihre ehrlichen Empfindungen. Anstelle sie zu strafen, indem wir sie härter arbeiten lassen, sollten wir ihnen lieber durch Wiederholungen zeigen, dass sie auch anders reagieren können, und sie dann belohnen, um die positive Reaktion zu fördern.
Nach meiner Erfahrung wollen sie mit diesen Wutausbrüchen oft nur – berechtigt – demonstrieren, dass wir als Mensch etwas falsch gemacht haben. Sind wir uns nun wirklich sicher, alles korrekt und mit Gefühl durchgeführt zu haben, so wird die Beschleunigung häufig besser, wenn man sie ein paar Mal wiederholt. Je nachdem, wie massiv die Reaktion des Pferdes war, würde ich allenfalls ein wenig länger arbeiten. Das heißt: Ein Pferd, das beim Übergang vom Trab zum Galopp eine

halbe Runde oder mehr buckelnd durchs Round-Pen springt, würde ich so lange im Galopp halten, bis es wenigstens eine halbe Runde galoppiert, ohne sich zu wehren. Ein Pferd, das lediglich beim Übergang kurz buckelt, würde ich sanft zum Trab herunterkommen lassen, um dann den Übergang nochmals zu wiederholen. In den unmittelbaren Übergängen zeigen sich die meisten Gemütsregungen der Pferde, deshalb ist es nicht nötig oder sinnvoll, sie Runde um Runde galoppieren zu lassen.

**Ganzheitlichkeit muss berücksichtigt werden**

Pferde, die in den Galopp hinein schießen, also sehr abrupt und vielleicht sogar panisch auf die Beschleunigung reagieren und dann den Galopp viel zu schnell absolvieren, verhalten sich oft auch so beim Reiten. Der Grund hierfür kann darin liegen, dass es dem Pferd schwerfällt, die Balance zu halten, oder dass es das Bedürfnis hat, zu fliehen.

Balanceprobleme haben häufig junge Pferde oder solche mit großen Verspannungen im Rücken oder in der Hinterhand. Wird dieses Verhalten nach einigen Übungstagen nicht besser, wäre es sinnvoll, einen Osteopathen oder Physiotherapeuten hinzuzuziehen, um jegliche körperliche Einschränkung auszuschließen. Liegt die Ursache in der Psyche des Pferdes, hat es also das Bedürfnis, zu fliehen, oder ist psychisch so angespannt, dass es auf unsere Aufforderung panisch reagiert, so sollte sich auf jeden Fall mit dieser Bodenarbeit sehr bald Besserung einstellen.

Hastet das Pferd in den Galopp, steht es unter Anspannung, das Balancieren der Kurve fällt ihm dann schwer. Das sieht man an der Schräglage der Hinterhand und dem hochgezogenen Kopf.

**Tempo drosseln – mit Elan**

Auch das Drosseln des Tempos und die Art und Weise, wie das geschieht, sagt uns viel über das Pferd und dessen Einstellung aus. So gibt es zum Beispiel Pferde, die nur sehr hartnäckig dazu zu bewegen sind, vom Trab in den Schritt zu gelangen. Sie sind meist von innerer Unruhe getrieben, und es fällt ihnen generell schwer, zur Ruhe zu kommen. Oft handelt es sich um hochintelligente und sensible Tiere, die unterfordert sind und ein Ventil brauchen, ihren Frust abzulassen. Auch Pferde, die in Angst leben, etwas falsch zu machen, und deshalb immer vorausdenken wollen, haben Probleme, ihr Tempo zu drosseln. Durch Laufen und Traben können sie diese innere Unruhe besser verarbeiten. Viele sanfte Wechsel helfen diesen Pferden, auch nach schnellem Tempo wieder zur Ruhe zu kommen. Die innere Unruhe verliert sich, weil die Pferde durch dieses abwechslungsreiche Programm eine geistige Herausforderung bekommen und ihre Aufgabe verstehen lernen.

Andere Pferde verlieren jegliche Energie beim Drosseln des Tempos, weil sie beispielsweise sehr abgestumpft sind und aus Selbstschutz bei jeder Gelegenheit abschalten, oder ihnen fehlt jegliche Motivation, da sie keinerlei Freude an ihrer Arbeit finden. Man hat bei diesen Pferden das Gefühl, dass der Vorhang fällt, sobald sie in den Schritt kommen, und jegliches Vorwärts verschwunden ist. Außerdem sind diese Tiere sehr schwer zu einer Beschleunigung zu bewegen. In diesem Fall ist ein stetiger Wechsel notwendig, um ihnen wieder einen Anlass zu geben, nicht abzuschalten, sondern Ehrgeiz zu entwickeln. Gerade hier kann das Programm nicht interessant genug gestaltet werden.

In anderen Situationen ist es erst einmal zweitrangig, wie die Gangarten ausfallen, mehrere Beispiele sind im Kapitel „Pferdecharaktere“ beschrieben.

**! Obwohl der Wechsel der Gangarten sehr wichtig ist, gibt es Situationen und Pferde, die in der momentanen Lage keinerlei Geschwindigkeiten gehen sollten. Manche Pferde traben, sobald sie ins Round-Pen gebracht werden, gleich los, weil dies ein Verhaltensmuster ist, das ihnen antrainiert wurde. Diese Pferde sollten erst einmal ausschließlich im Schritt gearbeitet werden, bis sie merken, dass „Round-Pen“ nicht mit „im Kreis rennen“ gleichgesetzt wird.**

**Wie beschleunige ich mein Pferd von Schritt in Trab?**

Bei allem, was wir dem Pferd präsentieren, sollten wir immer mit der kleinstmöglichen Hilfe beginnen, diese steigern wir dann so weit, bis das Pferd die gewünschte Reaktion zeigt. Dies kann nur ein Ansatz in die gewünschte Richtung sein, doch jeder Ansatz des Pferdes, der belohnt wird, motiviert es beim nächsten Mal, mehr zu geben. Zeigt es die Reaktion, so ist es wichtig, sofort aufzuhören, um dem Pferd zu bedeuten, dass es auf dem richtigen Weg ist. Wenn wir also mit einem Pferd arbeiten, das generell sehr schwer von einer schnelleren Gangart zu überzeugen ist, so genügt es bereits, wenn wir es anfangs nur für einen schnelleren Schritt belohnen.

Unser Ziel ist es, dass das Pferd dann, wenn wir unseren Schritt minimal beschleunigen, dies auch tut. Und es gibt sehr viele Pferde, die das auf Anhieb befolgen, weil es für sie durchaus einfach zu verstehen ist, da es ganz natürliche Körpersprache bedeutet. Manche Pferde brauchen jedoch zunächst etwas Nachhilfe, nachdem sie gelernt haben, dass die Körpersprache des Menschen sich häufig für sie widersprüchlich darstellt. Entgegen aller Pferde-Körpersprache-Regeln steigen wir ständig und haben immer unsere Ohren angelegt, sind aber trotzdem guten Willens. Solange wir unsere Hilfen jedoch konsequent und korrekt geben, lernen die Pferde dies sehr schnell.

Ich bewege mich auf Höhe der Hinterhand und laufe parallel mit dem Pferd auf einem wesentlich kleineren Kreis mit. Wenn ich das Tempo beschleunigen möchte, steigere ich als Erstes die Energie in meinen Schritten, das bedeutet nicht unbe-

**1** Laufe ich ruhig auf Höhe der Hinterhand mit, so sollte auch Buddy ruhig laufen.

**2** Zum Antraben bringe ich mehr Energie in meinen Schritt, ohne dabei zu weit nach vorn zu kommen. Hier trabt Buddy prompt an, hebt aber seinen Kopf zu stark. Nach ein paar Übungen sollte das ohne Kopfanheben gehen.

dingt, dass ich größere Schritte mache, denn dies würde mich unweigerlich weiter nach vorn am Pferd bringen, was wiederum dazu führt, dass ich das Pferd ausbremse. Nach etwa drei energiereicheren Schritten steigere ich gegebenenfalls mit einem Stimmenkommando, wobei ich nun die Energie in meinen Schritten so beibehalte. Langsam hebe ich nun meine Hand, die näher an der Hinterhand ist (geht mein Pferd links herum, wäre das die rechte Hand) – anfangs wäre zu empfehlen, mit einem Fähnchen zu arbeiten. Ist meine Hand mit dem Fähnchen nun ganz oben und das Pferd hat immer noch nicht mit einer Beschleunigung reagiert, muss ich massiv auf mich aufmerksam machen. Ich lasse nun das Fähnchen ganz heftig nach unten auf den Boden sausen, denn wenn ich nach so vielen Aufforderungen immer noch keine Reaktion vom Pferd bekomme, muss ich ihm klarmachen, dass ich es wirklich ernst meine. Normalerweise wird dies nicht sehr oft nötig sein, da das Pferd äußerst schnell die Kette der aufeinanderfolgenden Hilfen erkennen und dann immer früher reagieren wird.
Nach ein paar Wiederholungen werden die Beschleunigungen auch weicher und geschmeidiger sein, da das Pferd versteht, was ich von ihm möchte.

### Wie beschleunige ich mein Pferd von Trab in Galopp?

Ähnlich wie vom Schritt in den Trab funktioniert auch der Übergang in den Galopp, zumindest von der Reihenfolge der Hilfen her. Der Übergang in den Galopp unterscheidet sich lediglich dadurch, dass ich dem Pferd eine Hilfestellung gebe, was die jeweilige Hand betrifft, auf der es angaloppieren soll.

Hier kann man deutlich sehen, wie ich mit dem inneren Fuß weit nach vorn schreite und Scout dies imitiert und somit auf der richtigen Hand angaloppiert.

Läuft mein Pferd links herum im Kreis, so wäre es wünschenswert, dass es im Linksgalopp galoppiert. In der Regel tun das auch die meisten von ganz alleine. Manche jungen Pferde haben anfangs etwas Probleme, ihre Beine richtig zu sortieren, oder aber die Pferde sind zu verspannt und aufgeregt und können deshalb nicht auf Anhieb auf der richtigen Hand angaloppieren. Da es für das Pferd generell einfacher ist, auf der inneren Hand zu galoppieren, werden sie das sehr rasch von selbst herausfinden.

Unsere Aufforderung beginnt wieder mit dem Schritt, allerdings machen wir nun mit dem inneren Fuß (geht das Pferd links herum, so wäre das der linke Fuß) einen kleinen Ausfallschritt. Wir machen es dem Pferd sozusagen vor, mit welchem Fuß es angaloppieren soll. Dies hat sich ausgesprochen gut bewährt, und ich möchte behaupten, dass man hier durchaus eine Verbindung zum Reiten ziehen kann. Wenn sich unsere Schrittart von der im Trab unterscheidet, so fällt es dem Pferd auch leichter, den Unterschied zu erkennen. Auf diese Weise ist es mit etwas Übung möglich, das Pferd aus einem sehr langsamen Trab in den Galopp zu bringen, ohne vorher immer den Trab stark beschleunigen zu müssen.

Auch hier gilt: Reagiert das Pferd nicht auf meine Hilfe, die ich ihm mit meinen Schritten gebe, steigere ich wie beim Trab mit meiner Hand bzw. Fähnchen, indem ich dieses langsam bis ganz nach oben anhebe und es dann zu Boden sausen lasse.

## Mögliche Fehler beim Beschleunigen

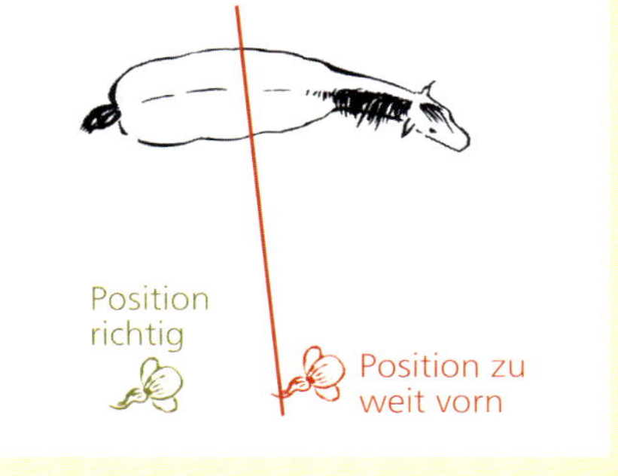


**Körperposition**

Es ist beim Beschleunigen sehr wichtig, darauf zu achten, nicht zu weit nach vorn zu kommen. Dies kann leicht passieren, wenn ich durch energiereichere Schritte auch mein Tempo beschleunige, mein Pferd jedoch zunächst einmal nicht. Verändere ich meine Position von Höhe der Hinterhand weiter nach vorn, so bremse ich das Pferd aus und kann es sogar nach außen drücken und eine Wendung hervorrufen. Ist das geschehen, sollte ich keinesfalls das Pferd korrigieren, sondern allenfalls darauf achten, dass ich beim nächsten Versuch besser auf Höhe der Hinterhand bleibe.

**Zeit**

Es ist sehr wesentlich, dass ich dem Pferd bei der Steigerung meiner Hilfen genügend Zeit gebe, um zu reagieren. Versteht es die Reihenfolge der Steigerung, kann es auch lernen, früher darauf anzusprechen. So gebe ich ihm immer drei Schritte Zeit, wenn ich mit den energiereichen Schritten begonnen habe, bevor ich meine Hand langsam hebe, was gut und gerne eine halbe Runde dauern kann. Auf diese Weise ist sichergestellt, dass das Pferd genügend Zeit hat, auf die jeweilige Aufforderung zu reagieren.

**Steigerung ohne Erfolg**

Es kann gelegentlich vorkommen, dass trotz energischer Geste mit dem Fähnchen nicht die gewünschte Reaktion des Pferdes erfolgt. Hierbei ist erst einmal zu unterscheiden:

1. Handelt es sich um eines dieser schwerfällig scheinenden Pferde, die mit „angezogener Handbremse laufen" und bei denen es immer schwerfällt, sie in Gang zu bekommen und dann auch darin zu halten?

   In diesem Fall müssen wir sehr langsam vorangehen. Diese Pferde sind es gewohnt, immer getrieben zu werden, damit sie schneller laufen. Auch bei schnellerem Laufen werden sie getrieben, damit sie nicht wieder langsam werden. Wir sollten daher lediglich an der Beschleunigung in einer Gangart arbeiten, nicht aber daran, dass wir das Pferd in die nächst schnellere Gangart bringen. Wir beschleunigen behutsam mit den oben aufgeführten Hilfen, wobei ich das Heruntersausen des Fähnchens weitestgehend vermeide. Zeigt mir das Pferd auch nur das kleinste Anzeichen einer Beschleunigung – das kann so gering sein, dass für einen einzigen Schritt etwas mehr Energie durch das Pferd fließt –, werde ich sofort meine Steigerung beenden und es zur Ruhe kommen lassen. Nach ein paar Schritten kann ich wieder von vorne beginnen. Durch diese prompte Belohnung bei jedem noch so geringen Versuch einer Beschleunigung motiviere ich das Pferd, beim nächsten Mal ein klein wenig mehr zu geben. Je besser mein Timing beim Belohnen ist, umso größer ist der Lernerfolg des Pferdes.

   Zunächst geht es generell darum, dem Pferd zu erklären, was meine Hilfen zur Beschleunigung bedeuten. Wenn es das Prinzip verstanden hat, wird es auch nicht mehr schwerfallen, in andere Gangarten zu steigern.

2. Trabt das Pferd immer schneller und es fällt einfach nicht in den Galopp?

   In diesem Fall ist es wichtig, nicht vorzeitig aufzugeben. Ich bleibe im Tempo auf der gleichen Höhe mit der Hinterhand des Pferdes und lasse das Fähnchen nun sehr schnell auf und ab sausen. Je früher ich nun das Pferd vom Galopp überzeugen kann und dafür loben kann, umso besser ist der Lernerfolg. Sobald mir das Pferd nur einen einzigen Galoppsprung gibt, werde ich es dafür belohnen, indem ich es zur Ruhe kommen lasse.

   Aus Pferdesicht könnte man sich das folgendermaßen vorstellen: Wenn ich weiter getrieben werde, obwohl ich einen Galoppsprung gemacht habe, dann kann wohl der Galoppsprung nicht die richtige Lösung sein. Warum soll ich also mehr galoppieren?

   Belohnen wir diesen einen Galoppsprung, indem wir das Pferd zur Ruhe kommen lassen, dann wird es bald freiwillig mehr galoppieren, da diese Gangart gar nicht so unangenehm ist. Und mit der Zeit wird der Elan, diesen Galopp zu zeigen, immer größer.

**Stimmenkommando**

Generell ist nichts gegen Stimmenkommandos einzuwenden, solange es immer die gleichen Aufforderungen sind und stets in derselben Reihenfolge sowie nur einmal mit den anderen Hilfen angewandt werden. Es gibt jedoch Pferde, die sehr abrupt auf ein Stimmenkommando reagieren. Wenn ein Pferd also immer dann Anspannung zeigt, indem es den Kopf beim Beschleunigen auch nur leicht hochreißt oder der Übergang zur nächsten Gangart etwas explosiv wirkt, würde ich versuchen, die Stimme wegzulassen. Pferde, die untereinander kommunizieren, haben nur sehr wenig akustische Verständigungsweisen, und diese meist nur in Extremsituationen (panisches Wiehern, wenn sie sich alleine fühlen, Quietschen der Stuten bei Hengsten, Kampfschreie unter Hengsten). Im alltäglichen Ablauf kommunizieren sie bevorzugt mit der Körpersprache.

**Wiederholungen**

Es ist natürlich wesentlich, die Übungen zu wiederholen, und das gilt auch bei den Beschleunigungen, vor allem dann, wenn diese nicht weich und geschmeidig ablaufen. Hier sollte aber darauf geachtet werden, dass man es damit nicht übertreibt. Vier oder fünf Übergänge pro Gangart und Richtung sind bereits ausreichend, und mehr ist keinesfalls notwendig. Dabei muss man außerdem darauf achten, dass man die jeweilige Gangart nicht mehr als höchstens zwei Runden beibehält. Es geht nicht darum, unser Pferd zu ermüden, sondern um eine Kommunikation aufzubauen.

**Zu viel Energie**

Oft ist uns gar nicht bewusst, mit wie viel Energie wir auf unser Pferd losgehen. Im Eifer des Gefechts betreiben wir oft wesentlich mehr Aufwand als nötig. Pferde, die abrupt in die nächste Gangart eilen oder im Übergang den Kopf hochreißen, versuchen uns vielleicht nur zu sagen, dass ein derartiger Einsatz nicht notwendig wäre und es auch mit viel weniger reagieren würde. Uns selbst ein wenig zurückzunehmen wäre doch einen Versuch wert!

**Das Pferd, das nicht von mir weggeht**

Sehr häufig kommen Pferdebesitzer in meinen Kurs mit dem Problem, dass sich ihr Pferd gar nicht wegschicken lässt. In 90 Prozent der Fälle liegt das allein an der falschen Körperposition. Wie schon im Kapitel „Wegsenden" erklärt, gehe ich auf den Kopf und die Schulter zu und bewege diese zunächst von mir weg. Erst wenn sich das Pferd dann in Bewegung setzt, treibe ich auf Höhe der Hinterhand, wobei ich bei diesen Pferden darauf achten muss, dass ich sie trotz allem gegebenenfalls mit Fingerzeig oder sogar Anlegen der Hand an der Schulter hinausdrücke. Viele gehen schon von Anfang an mit Druck auf die Hinterhand vor, was auf manche Pferde wie die Übung Hinterhand herein wirkt. Sie reagieren richtig auf den optischen Druck auf die Hinterhand, weichen also mit dieser weg, und kommen dadurch mit der Vorhand zu uns herein.

## Achtung

**Dieses Buch ist mit der Absicht geschrieben, so viele Tipps und Anleitungen wie möglich zu geben. Nichtsdestotrotz gibt es Situationen und Pferd-Mensch-Konstellationen, bei denen ich dringend professionelle Hilfe empfehlen würde. Ein Buch kann immer nur Anstöße bieten, aber wenn es um die Sicherheit eines Reiters und seines Pferdes geht, ist professionelle Hilfe bisweilen unverzichtbar. Dies gilt vor allem dann, wenn ein Pferd beim Versuch, es wegzuschicken, steigt oder sonstige Aggressivitäten zeigt.**

### Wie drossele ich das Tempo?

Wünschenswert wäre es, dass wir einfach unsere eigene Energie drosseln, indem wir unseren Schritt verlangsamen oder verkleinern. Anfangs brauchen Pferde vielleicht ein bisschen Zeit, aber dies ist meist rasch gelernt. Im Normalfall sucht das Pferd nach einer Gelegenheit, das Tempo zu reduzieren, und wird unsere Veränderung gerne als Einladung dazu annehmen.

Bei Pferden mit innerer Unruhe oder sehr nervösen Pferden kann dies aber zunächst etwas länger dauern. Es schadet daher nicht, einmal eine Zeit lang ruhig in der Mitte zu stehen und einfach zu warten, selbst wenn das Pferd dann immer noch weiterläuft. Auf diese Weise gibt man ihm einfach Zeit, die Situation abzuschätzen. Auch ein Kleinwerden, also in die Hocke gehen, könnte hier hilfreich sein. Dies alles macht man aber erst, wenn das Pferd wirklich lange braucht und nicht ohne Hilfe zur Ruhe kommt.

### Stimmenkommando

Natürlich ist es auch möglich, hier ein Stimmenkommando einzusetzen, aber hier gilt ebenfalls, dass man erst die Körpersprache benutzen sollte, um das Pferd auf die bevorstehende Veränderung vorzubereiten. Das Stimmenkommando kann als Steigerung herangezogen werden, nachdem ich mein eigenes Tempo gedrosselt habe. Allerdings sollte man auch ein Stimmenkommando nur einmal einsetzen und dann eine Steigerung, etwa Ausbremsen, anwenden. Wiederholt man das Stimmenkommando immer und immer wieder, so verliert es an Bedeutung.

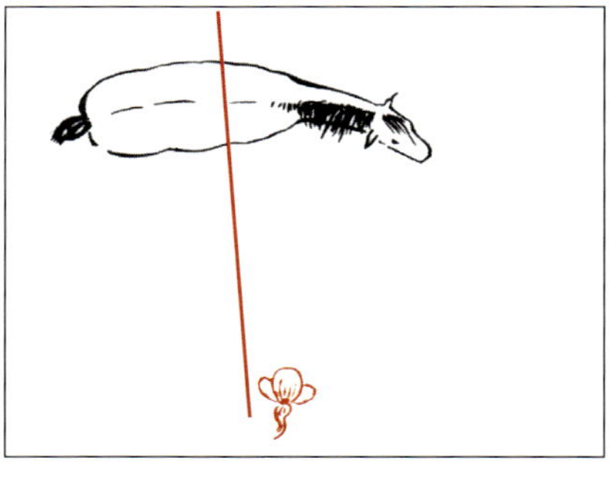

**1** Ich verändere meine Position in Richtung Schulter des Pferdes, bis es langsamer wird. Hier kann ich auch durch Anheben der vorderen Hand dem Ausbremsen noch nachhelfen.

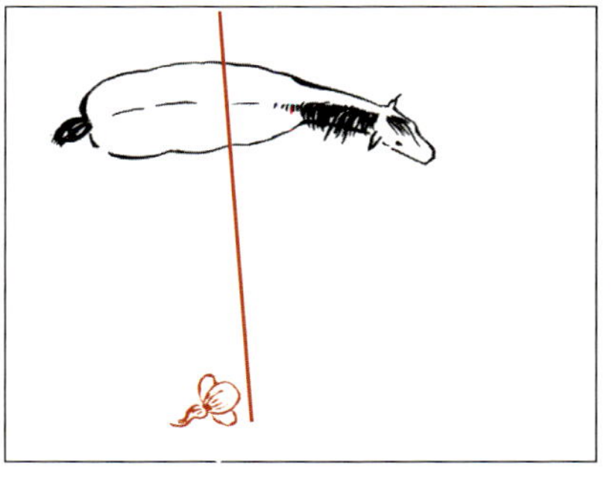

**2** Sobald es langsamer wird, gehe ich in die neutrale Position und beobachte, ob das Tempo so bleibt. Gegebenenfalls muss ich nun die rechte Hand anheben, damit das Pferd mich nicht missversteht und zu mir hereinkommt.

**Ausbremsen**

Wenn ich nun schon öfter mit dem Pferd gearbeitet habe und es trotz abnehmender innerer Unruhe immer noch sehr schlecht auf Tempodrosseln reagiert, weil es vielleicht einfach zu abgelenkt ist, weil es gerne läuft und alles andere wichtiger ist als der Mensch da in der Mitte, der vorschlägt, mal langsamer zu laufen, dann kann man dieser Aufforderung mehr Bedeutung geben, indem man seine Position zum Pferd verändert. Langsam laufend, unser Körper soll ja vormachen, was wir vom Pferd erwarten, bewegen wir uns mehr auf Höhe der Schulter des Pferdes oder sogar des Kopfes zu. Wir tasten uns vorsichtig heran, gerade einmal so viel, bis wir merken, dass wir das Tempo verringern. Dann begeben wir uns wieder auf unsere alte Position und sehen, ob das Pferd nun weiter drosselt oder erneut Gas gibt. In diesem Fall wiederholen wir den Vorgang noch einmal in aller Ruhe. Auch hier wird das Pferd sehr leicht durch die Wiederholung lernen, was wir von ihm wollen. Nun kann es aber auch sein, dass das Pferd erst einmal schneller wird, wenn wir es auszubremsen versuchen. Dies bedeutet, dass es Probleme hat, von seinen eigenen Gedanken loszulassen und mit unseren zu gehen. Doch gerade dann ist es wichtig, das zu üben. Anstatt uns nun ein Wettrennen mit dem Pferd zu liefern, kürzen wir einfach durch die Mitte des Round-Pens ab und versuchen es an einem anderen Punkt erneut. Diesmal achten wir aber darauf, dass wir dem Pferd mehr Zeit geben, sich darauf einzustellen. Anfangs kann es nun passieren, dass es nach außen wendet und in die andere Richtung läuft. In diesem Fall werden wir es beim nächsten Mal mit etwas weniger Aufwand versuchen. Es wird nicht lange dauern und das Pferd reagiert auch auf die kleinen, sensiblen Drosselversuche nach Wunsch.

## Mögliche Fehler beim Tempodrosseln

**Zu abrupt ausbremsen**

Beim Ausbremsen ist darauf zu achten, dass ich nicht zu abrupt reagiere – unser Pferd wird uns sagen, wann das der Fall ist. Das Verlangsamen in die nächste Gangart soll weich und geschmeidig erfolgen. Stoppt das Pferd hart auf der Vorhand, so sollten wir beim nächsten Versuch darauf achten, dass wir unsere Hilfe etwas sanfter einsetzen.

**Energie herausnehmen**

Wichtig ist, dass ich beim Verlangsamen des Tempos nicht die ganze Energie, die das Pferd zum Vorwärtslaufen hatte, drossele. Das Pferd, das vom Trab in den Schritt kommt, sollte trotz Temporeduzierung einen fleißigen Schritt im Vorwärts gehen. Es kann vorkommen, dass das Pferd beim Übergang alle Energie verliert und man das Gefühl bekommt, der Vorhang ist gefallen. Grund dafür sind oft wir selbst: Beim Herunterholen zur langsameren Gangart bewegen wir uns auf einer sehr dünnen Linie, wir sollten unsere Energie gerade so weit drosseln, dass es unser Pferd als Bremsen erkennt. Gleichzeitig müssen wir immer noch so viel Energie geben, damit das Pferd merkt, dass wir immer noch bei der Sache sind. Auch hier wird uns das Pferd zeigen, ob wir uns auf dem richtigen Weg befinden. Seine Reaktion ist oft ein genauer Spiegel zu unserem Verhalten.

# Wendungen

Wir unterscheiden grundsätzlich zwischen Innen- und Außenwendung. Auch hier spielt es eine entscheidende Rolle, wie ich meine Körpersprache einsetze und wie das Pferd die jeweilige Wendung durchführt. Genau wie die Gangarten sagen die Art und Weise, wie die Wendungen durchgeführt werden, sehr viel über die Einstellung des Pferdes zur Arbeit mit uns aus. Es ist von großer Bedeutung, ob ein Pferd gleich auf den Vorschlag der Wendung reagiert oder ob es versucht, uns zu ignorieren, indem es entweder stehen bleibt, weil es uns nicht versteht, oder sogar schneller wird, um diese Aufforderung zu umgehen.

**Innenwendung**

Generell bevorzuge ich die Innenwendung, bei der das Pferd nach innen dreht und in Tropfenform (ähnlich einer Volte) die andere Richtung einschlägt. Es kommt also herein, schaut mich an und kann auf meine Führung reagieren. Dies bedeutet auch, dass es keine Angst vor mir hat und die Übung ausführt, indem es sich mit mir identifiziert.

Möchte ich das Pferd zu einer Innenwendung einladen, so drehe ich mich ab und laufe auf Höhe seiner Schulter von ihm weg. Ich gebe ihm also viel Platz, um her-

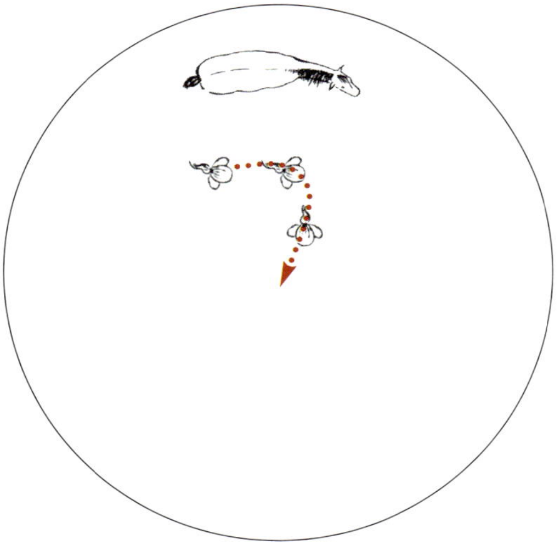

**1** Ich laufe auf Höhe der Schulter zügig vom Pferd weg. Hierbei muss ich darauf achten, dass ich nicht zu weit nach vorn komme und das Pferd dadurch nach außen schicke.

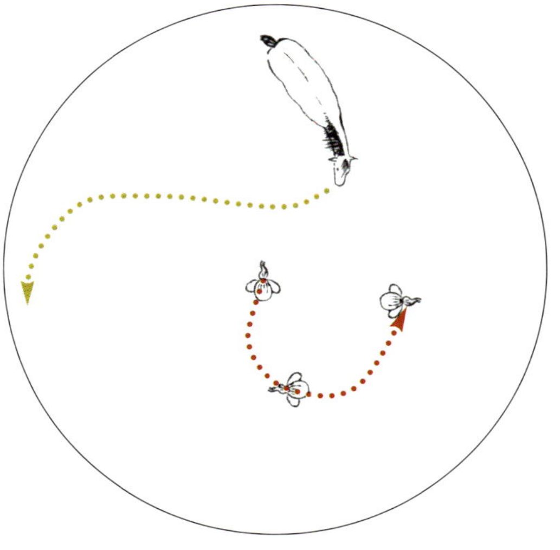

**2** Dreht sich das Pferd zu mir und ich kann die andere Seite des Pferdes sehen, drehe ich mich wieder zu ihm hin und signalisiere (ähnlich wie beim Wegsenden), in die andere Richtung zu laufen.

**1** Von der Schulter gehe ich im 90-Grad-Winkel zügig vom Pferd weg, behalte es aber immer über meiner Schulter im Auge.

**2** Scout kommt hinterher. Erst wenn ich seine Außenseite sehen kann, drehe ich mich zu ihm zurück. Auch hier lasse ich ihn nicht aus den Augen.

**3** Mit meinem Fingerzeig auf seinen Kopf signalisiere ich ihm, zu weichen und in die andere Richtung zu gehen.

einzukommen, so als ob ich eine Tür für ihn öffne. Hierbei behalte ich aber unbedingt das Tier im Auge, während ich es über die Schulter hinweg beobachte. Sobald es nämlich auf meine Vorgabe reagiert und auf mich zu in Richtung Mitte des Round-Pens läuft, drehe ich mich wieder auf das Pferd zu und deute ihm an, in die andere Richtung zu laufen (siehe hierzu auch die Beschreibung der Bilder). Anfangs kann es selbstverständlich passieren, dass das Pferd nicht prompt reagiert. In diesem Fall ist es wichtig, sich bis zum Zaun des Round-Pens zu bewegen. Läuft das Pferd immer weiter, so werden wir uns an dieser Stelle unweigerlich treffen, und ich kann dem Pferd dann helfen, die Richtung zu wechseln.
Wenn ich eine Innenwendung korrekt vorschlage und mein Pferd trotzdem eine Außenwendung macht, ist das zunächst nicht weiter schlimm und kein Grund, dies zu korrigieren. Gehe ich immer richtig vor, wird das Pferd mit der Zeit von ganz allein mehr das Bedürfnis haben, sich mit mir zu identifizieren, und die Innenwendung bevorzugen.

**Außenwendung**

Die Außenwendung gleicht mehr einer Flucht, das Pferd dreht nach außen in Richtung Zaun ab, geht also von mir weg und wendet. Diese Art von Wendung folgt abrupter, weil es fast unmöglich ist, gegen den Zaun in einem geschmeidigen Bewegungsablauf zu drehen. Hier kommt das Pferd unweigerlich zu einem kurzen Stopp, denn es muss sich schließlich um 180 Grad drehen und hat somit den Zaun direkt als Hindernis vor sich.
Es gibt einige wenige Gründe für eine Außenwendung in bestimmten Fällen: ein Pferd, das zum Beispiel voller Hast auf der Flucht ist und alles im gestreckten Ga-

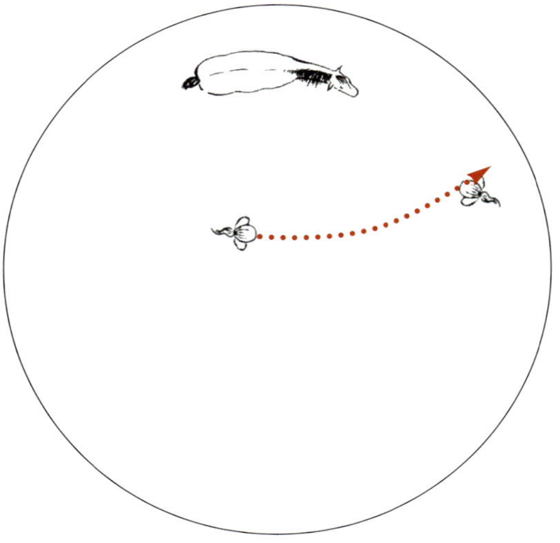

**1** Für die Außenwendung gehe ich nach vorn und schneide dem Pferd sanft (nicht zu abrupt) den Weg ab.

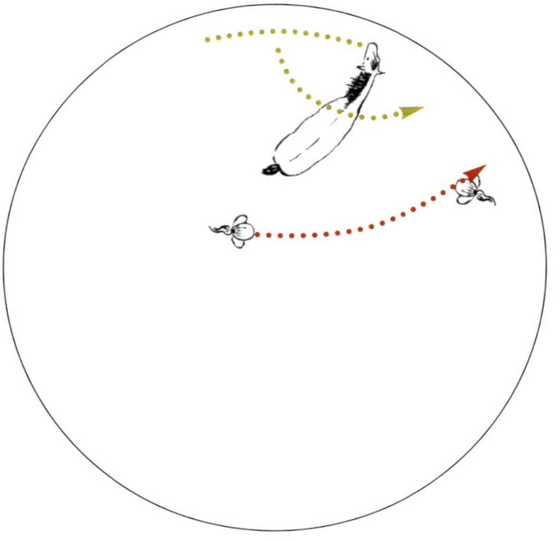

**2** Das Pferd soll daraufhin nach außen zum Zaun hin wenden.

lopp durchführt und sich durch keine Aufforderung der Innenwendung davon abhalten lässt, oder eines, das durch äußere Einflüsse (Ursache des Fluchtverhaltens kommt von außerhalb des Round-Pens) nun panisch rennt und nicht mehr auf uns in der Mitte reagieren kann. Für solche möglichen Situationen ist es hilfreich, einige Male eine Außenwendung durchzuführen. Dies geschieht, indem man den Abstand verkleinert und mehr auf die Schulter oder den Kopf des Pferdes zuläuft. Gewissermaßen schneidet man somit dem Pferd den Weg ab. Einem kopflos oder panisch rennenden Tier kann ich auf diese Weise helfen, weil ich die Gedanken zu rennen damit kurz unterbreche. Für einen Moment muss das Pferd stehen, um in die andere Richtung zu gelangen. Und erst in diesem Augenblick merkt es, dass es vielleicht gar nicht rennen muss. Es ist entscheidend, dass ich sehr ruhig das Tempo fortsetze, wenn es die Wendung vollzogen hat. Sobald es wieder panisch zu rennen beginnt, wende ich wieder nach außen, um ständig diesen Gedankengang zu unterbrechen.

### Gedanken loslassen kann man üben

So manche Pferde haben Schwierigkeiten, ihre Gedanken loszulassen. Egal was wir vorschlagen, sie halten an ihren eigenen Gedanken fest, das heißt, wenn sie einmal in eine Richtung laufen, dann wollen sie dies nicht ändern. Wenn wir sie nun auffordern zu wenden, laufen sie höchstens noch schneller, und wenn wir ihnen den Weg abzuschneiden versuchen, dann rasen sie noch geschwind zwischen uns

1 Martina bewegt sich weiter nach vorn, um vor die Schulter von Fantasy zu kommen. Sie geht dabei erst mal nicht näher an das Pferd heran. Das Fähnchen hat sie zu diesem Zweck schon in die andere Hand gewechselt.

2 Fantasy reagiert auf den optischen Druck von Martina und weicht nach außen.

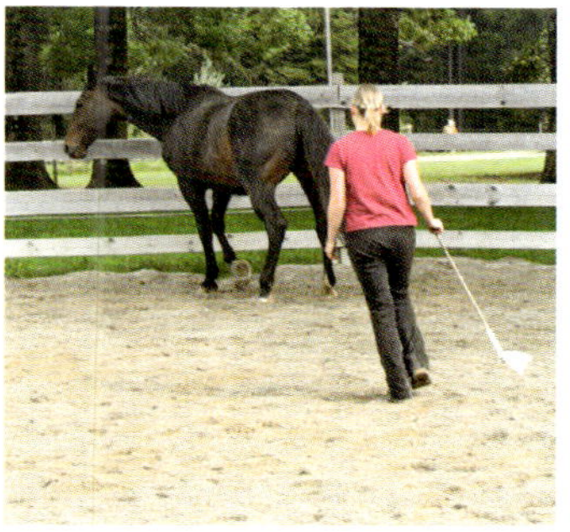

3 Aus der Wendung kommend, ist es sehr wichtig, dass man nun sehr langsam wieder auf die Position der Hinterhand geht, da die Außenwendung hauptsächlich dazu genutzt werden soll, um einem Pferd zu einer ruhigeren Gangart zu helfen.

und dem Zaun durch, um sicherzugehen, dass sie weiterhin in die gleiche Richtung laufen können. Das könnte sogar so weit führen, dass sie uns überrennen würden, wenn wir es darauf anlegen, ihnen den Weg abzuschneiden. In diesem Fall darf ich dies nicht zu abrupt durchführen. Ich laufe auf die entgegengesetzte Seite des Round-Pens und versuche es dort noch einmal. Hier ist es ratsam, noch bevor sich das Pferd zu sehr nähert, mit einem Fähnchen sehr groß zu werden, damit es genügend Zeit hat, umzudenken. Dies muss nicht sehr oft wiederholt werden, das Pferd wird rasch begreifen, dass es in Ordnung ist, von den eigenen Gedanken loszulassen und mit unserem Vorschlag zu gehen.

# Einladen/Vereinen und Folgen

Das Einladen ist bereits aus anderen Trainingsmethoden bekannt, wobei hier die Voraussetzung dafür oft missverstanden wird. Es ist nicht nötig, das Pferd hierfür zu scheuchen und darauf zu warten, dass es sich durch Kopfsenken und Kauen unterwirft (siehe dazu Kapitel „Das Round-Pen"). Unsere Absicht besteht vielmehr darin, dem Pferd zu zeigen: Hier bei uns ist der beste Platz auf der ganzen Welt. Hier erfährst du Lob und Anerkennung. Hier bekommst du Streicheleinheiten oder auch kleine Massagen. Hier kannst du Pause machen und dich entspannen. All das wird dir geboten, indem du beginnst, mir zu vertrauen.
Wir sollten dem Pferd also verdeutlichen, dass wir als Mensch durchaus unsere angenehmen Seiten haben, die nicht ausschließlich mit der reinen Fütterung verbunden sind. Deshalb ist es auch nicht notwendig, das Pferd vor dem Vereinen wie ein Wildtier zu treiben.
Die Einladung kann jederzeit offeriert werden, man sollte nicht zu lange damit warten. Wie auch im Kapitel „Das Round-Pen" näher erklärt, geht es nicht generell darum, zu warten, bis sich das Pferd anbietet, denn es gibt Tiere, die dies aufgrund zu starker Anspannung während des Galopps nicht können. Werden sie aber zu uns eingeladen, können sie durchaus Zeichen der Dankbarkeit und Entspannung geben.

### Einzelne Übungen individuell einsetzen

Während wir unsere Übungen mit Wegsenden, Gangarten-Wechseln und Wendungen durchführen, müssen wir immer wieder dem Pferd anbieten, zu uns zu kommen und Pause zu machen, denn das eigentliche Ziel unserer ganzen Arbeit ist es doch, die Beziehung miteinander zu festigen. Und wie können wir besser Freundschaft schließen als durch Einladung und Anerkennung?

**Die eigentliche Absicht unserer ganzen Arbeit ist es doch, die Beziehung miteinander zu festigen**

Um einzuladen, bleibe ich einfach ganz ruhig in der Mitte des Round-Pens stehen, meine Füße stehen eng zusammen und meine Hände befinden sich nah beieinander. Ich atme kräftig aus, um meine eigene Energie zu drosseln. Manchmal ist es angebracht, mich kleiner zu machen, indem ich in die Hocke gehe. Und ich warte. In den meisten Fällen vergeht nur kurze Zeit, bis das Pferd zu mir hereinkommt, um mit mir Kontakt aufzunehmen. Nun ist Kennenlernen, Streicheln, Schmusezeit, Wohlfühlen angesagt. Dieser Moment des Wohlgefühls ist entscheidend, denn darauf basiert unsere ganze Ausbildung. Kann sich ein Pferd hier nicht entspannen, so wird der Rest für ihn auch keinen Sinn ergeben.
Kommt das Pferd anfangs nur ein Stück herein, so ist es kein Problem, wenn ich ihm ein wenig entgegenkomme. Ebenso wenn es zunächst am Zaun stehen bleibt und uns lediglich ansieht (dies ist bei Pferden, die viel longiert wurden, häufig der Fall, weil sie gelernt haben, dass sie draußen stehen bleiben müssen). Je öfter wir ihm

**1** Beim Einladen stehe ich mit geschlossenen Händen und Beinen ruhig in der Mitte des Round-Pens. Buddy macht sich schon bereit, zu mir zu kommen.

**2** Läuft er auf mich zu, warte ich ruhig, bis er bei mir ist.

**3** Nun kann ich ihn ausgiebig streicheln.

entgegengehen und es streicheln, je wohler es sich mit uns fühlt, umso freudiger wird es mit der Zeit zu uns kommen. Dieses Verhalten wird sich auch auf der Koppel auswirken.

Im Kapitel „Pferdecharaktere" werden wir intensiv auf die unterschiedlichen Reaktionen des Einladens eingehen.

### Folgen

Im Herdenverhalten von Wildpferden hat man beobachtet, dass ein junges, ungestümes Pferd auch einmal von der Herde weggejagt wird, weil es sich danebenbenommen hat. Nach einiger Zeit kommt jedoch die Leitstute zu diesem abseits stehenden Pferd und gibt ihm lediglich durch Körpersprache zu verstehen, dass es nun wieder zurück zur Herde darf. Dieses Verhalten der Leitstute können wir auch in unserer Arbeit mit dem Pferd umsetzen.

Nach dem Einladen kommt das Folgen. Steht das Pferd bei uns und wir haben es eine Weile gestreichelt, laden wir es ein, mit uns zu gehen. Wir stehen seitlich am Pferd auf Höhe des Halses und drehen uns nun ab, um circa im 90-Grad-Winkel vom Pferd wegzulaufen. Ein Schnalzen oder Klacken mit der Zunge kann es zusätzlich auffordern, uns zu folgen. Anders als ein direktes Laufen nach vorne hat dies den Effekt, das Pferd mehr mitzuziehen.

Es gibt zwar einige Pferde, die sogleich mitkommen, wenn man sich nach vorne bewegt. In der Regel hat es sich allerdings bewährt, zunächst einmal seine Absicht durch seitliches Weglaufen, also immer im 90-Grad-Winkel zur Schulter, deutlicher zu machen.

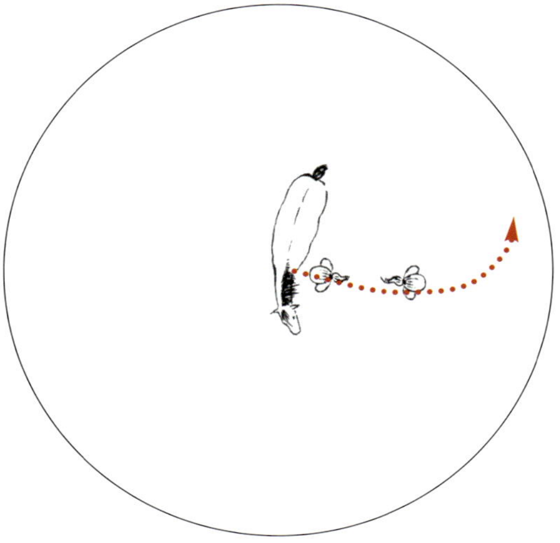

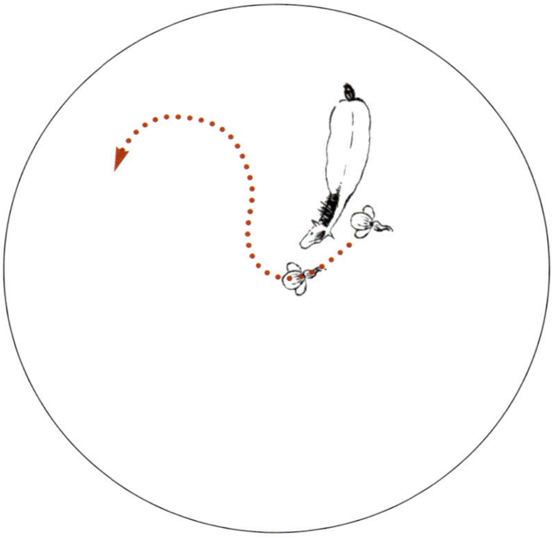

**1** Durch seitliches Weggehen wirkt es auf das Pferd so, als ob unsere Schultern mit einem Band verbunden wären, so dass ich es mit mir mitziehen kann.

**2** Das Vorbeilaufen am Kopf erzielt ebenfalls eine sehr gute Wirkung bei der Aufforderung, mit mir zu gehen. Auch hier ist darauf zu achten, dass man etwa auf Höhe der Schulter wegläuft.

Beginnt das Pferd nun hinterherzulaufen, so sollten wir anfangs nur wenige Schritte gehen, um dem Pferd zu zeigen, dass es genau richtig reagiert hat. Durch Stehenbleiben und Streicheln können wir es zusätzlich bestätigen und motivieren. Dann sollten wir wieder seitlich loslaufen. Hierbei ist darauf zu achten, dass wir anfangs mehr Schlangenlinien gehen und erst langsam Schritt für Schritt längere Geraden einbauen.

### Schlangenlinien

Manchmal zögert das Pferd und ist sich nicht wirklich sicher, ob es mit uns laufen soll. In diesem Fall sollten wir uns wieder auf das Herdenverhalten der Wildpferde besinnen. Wie bereits erwähnt, geht die Leitstute auf das abseits stehende Pferd zu. Anschließend beginnt sie, vor dem anderen in Schlangenlinien hin und her zu laufen. Das dauert nicht lange und das Pferd wird sich aufmachen, um sich in die eine oder andere Richtung mitziehen zu lassen. Ist das Pferd erst einmal in Gang gekommen, läuft die Leitstute gemeinsam mit ihm zur Herde zurück. Genau wie die Leitstute können auch wir in Schlangenlinien unmittelbar vor dem Kopf des Pferdes laufen und so versuchen, das Pferd aufzumuntern, uns zu begleiten. Ein Schnalzen immer dann, wenn wir auf Höhe des Kopfes sind, ermutigt das Pferd zusätzlich.

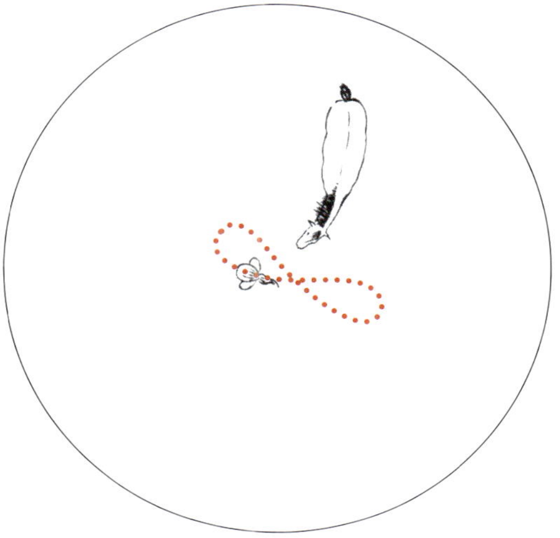

▲ Zögert das Pferd beim Hinterherlaufen, so verhalte ich mich wie eine Leitstute, die es zum Mitkommen anregt: Ich laufe vor ihm in Schlangenlinien, bis es sich in Bewegung setzt.

1 Im 90-Grad-Winkel zur Schulter wegzulaufen hilft, dem Pferd klarzumachen, dass es mitlaufen soll.

2 Bei schwierigeren Fällen ist es ratsam, nah am Kopf vorbeizugehen und dabei als Aufforderung kurz mit der Zunge zu schnalzen.

3 Scout ist ein wenig außer Balance. Sind die Beine erst einmal in Bewegung, ist es leichter, sie zum Mitlaufen einzuladen.

# Kopf senken

Wenn ein Pferd den Kopf senkt, bewirkt das vor allem, dass es die angespannten Rückenmuskeln wieder entspannt. Dies ist also nicht nur eine gute Übung für das Aufhalftern und später für das Aufzäumen, sondern auch ein sehr empfehlenswertes Gymnastiktraining. Außerdem hilft es, ein Pferd, das sehr nervös ist und sich anspannt, weil es ängstlich ist, wieder zu beruhigen.
Wie bringe ich nun das Pferd dazu, dass es den Kopf senkt? Dass es – freiwillig – den Kopf in das Halfter hineinsteckt, ohne dass ich es ihm überziehen muss?
Das Grundprinzip bei allem, was ich einem Pferd beibringe: Ich baue einen kleinen Druck auf, und sobald das Pferd nur einen Ansatz der von mir erwünschten Reaktion zeigt, lasse ich los und streichle es. Dadurch zeige ich ihm, dass es auf dem richtigen Weg ist, selbst wenn es noch nicht perfekt reagiert.
Um das Kopfsenken zu vermitteln, ist es von Vorteil, wenn das Pferd durch all die vorhergehenden Übungen bereits gelernt hat, mir seine Aufmerksamkeit zu geben und ruhig neben mir stehen zu bleiben, damit ich ohne Halfter arbeiten kann. Mit meiner rechten Hand baue ich einen minimalen Druck am Hals unmittelbar hinter den Ohren auf und warte, bis das Pferd dem Druck nach unten weicht – und sei es nur einen Zentimeter! Sobald dies geschieht, löse ich den Druck. Wichtig beim Kopfsenken ist, dass ich die Hand nur darauf halte, statt mit aller Kraft den Kopf herunterzudrücken. Ich übe den (minimalen) Druck so lange aus, bis das Pferd geringfügig nachgibt, um augenblicklich danach loszulassen und das Pferd durch Streicheln zu belohnen. Anschließend warte ich ein paar Sekunden und wiederhole die Übung. Je besser mein Timing beim Loslassen und Belohnen ist, desto schneller lernt mein Pferd. Ich achte nicht nur auf die Kopfstellung, wenn das Pferd um sich blickt. Sobald seine Gedanken abschweifen, muss ich mir die Aufmerksamkeit zurückholen, indem ich schnalze, klacke oder einen Schritt nach hinten gehe. Zu beachten ist auch, dass ich nicht zu nah am Pferdekopf stehe, damit ich das Tier nicht auf die andere Seite der Mittellinie drücke (siehe auch das Kapitel „Aufhalftern"). Ich muss ihm also immer ausreichend Platz geben, mir mit seinem Kopf entgegenkommen zu können.

**Es muss uns wichtig sein, wie sich das Pferd bei dem, was es für uns tut, fühlt, alles andere ist unbedeutend**

### Kopf senken als ausweichen?

Jedes Pferd reagiert anders. Es gibt Pferde, die senken den Kopf sofort, aber nicht weil sie entspannt und zur Zusammenarbeit bereit sind. Sie versuchen vielmehr, dem Menschen aus dem Weg zu gehen, sie weichen aus, stecken den Kopf sozusagen in den Sand. Obwohl diese Pferde den Kopf senken, wirkt es mehr wie ein Hinunterstoßen, und sobald der Druck nachlässt, schnellt der Kopf wieder hoch – er bleibt nicht entspannt unten. Ein solches Pferd benutzt diese Geste lediglich, um seine Ruhe zu haben. Man sollte daher nicht mehr sofort loslassen, wenn es

**1** Zu Beginn ist der Kopf oft weit angehoben, ich lege meine Hand auf, ohne zu versuchen ihn hinunterzudrücken, und warte.

**2** Passt mein Timing gut beim Loslassen, so wird Buddy immer schneller den Kopf absenken, wenn ich meine Hand dort auflege.

**3** Es ist wirklich unerlässlich, sofort die Hand zu entfernen, sobald das Pferd auch nur ein klein wenig den Kopf senkt.

den Kopf senkt, denn unser Loslassen sagt dem Pferd: „Das hast du richtig gemacht!" Nachdem wir aber nicht wollen, dass das Pferd den Kopf nur nach unten stößt, halten wir etwas länger den Druck aufrecht. Nach seinem Stoßen erwartet es, dass wir gleich loslassen, damit es den Kopf sofort wieder hochreißen kann. Bleibt aber unsere Hand am Hals, so wird das Pferd wohl zunächst einmal dagegen gehen, mit der Zeit jedoch nachgeben und beginnen zu entspannen.

### Was ist unser Ziel?

Wenn das Pferd nun den Kopf senkt und dabei eventuell noch kaut und leckt, ist das ein unverkennbares Zeichen dafür, dass es sich entspannt, dass es ruhig und gelassen ist. Je feiner und sensibler es bereits beim Aufhalftern auf die Signale, die sein Trainer ihm gibt, reagiert, desto besser gelingt die darauf folgende Übungs- bzw. Reitstunde. Das Pferd zeigt durch sein Entgegenkommen, dass es willig und zur Zusammenarbeit mit seinem Menschen bereit ist.

### Apathisch wirkende Pferde

Sie stehen einfach da, sind stocksteif und reagieren überhaupt nicht. Apathische Pferde haben nie gelernt, auf diese Art von Druck zu weichen oder nachzugeben – sie haben resigniert. Ihre Aufmerksamkeit, ihre Gedanken waren nicht gefragt. Aber auch diese Pferde kann man wieder sensibel machen. Sie müssen merken, dass der Mensch ihr Partner ist und mit ihnen zusammenarbeiten will. Bei einem passiven Pferd ist es wichtig, jede Reaktion – egal, ob richtig oder falsch – erst einmal zu belohnen. Es soll wieder lernen, sich Gedanken zu machen und auf mich

**Man soll dem Pferd eine Sicherheit auf dem Weg zur richtigen Antwort geben, solange es versucht zu lernen – auch wenn es nicht gleich die richtige Antwort gibt**

aufmerksam zu werden. Ich will seine Neugierde wecken und bleibe geduldig. Eventuell hilft es, etwas mit der Hand zu wackeln, vielleicht mit Halfter und Zug von unten. Dabei ist die Hand oben immer die erste Hilfe. Anfangs belohne ich jede Regung. Später, wenn das Pferd beginnt, irgendwie zu reagieren, und etwas sensibler geworden ist, kann ich es in die erwünschte Richtung lenken.

### Auf der Suche nach der richtigen Antwort

Manche Pferde reagieren sehr stark, aber in die falsche Richtung, d.h., sie gehen gegen den Druck und nehmen den Kopf erst recht weit nach oben, oder sie drehen ihn zur Seite weg. Hier ist es wesentlich, dass ich mit der Hand mitgehe und so lange dranbleibe, bis der Kopf in die von mir gewünschte Richtung geht. Im falschen Moment loslassen würde bedeuten, die unerwünschte Bewegung des Pferdes zu belohnen.

## Zusammenfassung:

**a. Jeder sollte auf den Unterschied achten, ob ein Pferd seinen Kopf nach unten drückt, weil es versucht, uns zu ignorieren und aus dem Weg zu gehen, oder ob es den Kopf senkt, weil es entspannt ist. Manchmal kann man es daran erkennen, dass das Pferd dabei kaut und leckt. Dies tut es ausschließlich, wenn es entspannt ist. Aber nicht jedes Pferd gibt diese Zeichen. Ein Pferd kann auch ausgeglichen sein, ohne zu lecken und zu kauen.**

**b. Beim Kopfsenken ist unsere Absicht nicht die, den Kopf hinunterzudrücken, sondern das Pferd soll lernen, auch vor leichtem Druck zu weichen. Gutes Timing beim Loslassen ist entscheidend.**

**c. Es ist auch eine gute Übung, den Kopf in viele verschiedene Positionen zu führen. Dies dient dazu, dass das Pferd mit unseren Gedanken mitgeht, ohne sich zu widersetzen.**

# Hinterhand herein

Diese Übung bewirkt das Gleiche wie das Einladen, denn wir sind am Ende vereint, stehen beieinander. Der Unterschied besteht darin, dass wir dem Pferd etwas deutlicher machen können, was wir von ihm wollen. Anders als beim Einladen, bei dem wir eher passiv in der Mitte stehen und die Reaktion dem Pferd überlassen, werden wir bei Hinterhand herein aktiv. Wir zeigen ihm nicht nur, was wir möchten, sondern auch wie wir es wollen.
Dies bietet sich an bei Pferden, die nicht auf das Einladen reagieren, weil sie etwa durch langes Longieren gewohnt sind, dass jemand ruhig in der Mitte steht, sie aber trotzdem weiter im Kreis laufen sollen.

**Wozu ist das gut und wie funktioniert es?**
„Hinterhand herein" dient auch der Gymnastizierung, da es die Hinterhand motiviert, aktiver zu werden und letztendlich auch das Gewicht mehr nach hinten zu verlagern.
Wenn ich das Pferd nun einlade, zu mir zu kommen, tue ich das, indem ich meinen Winkel ändere und auf die Hinterhand zulaufe. Ich baue also optischen Druck auf die Hinterhand aus, damit diese weicht. Eine solche Aktion bringt das Pferd mit der Vorhand vom Zaun weg und näher zu mir. Danach kann ich es einladen, indem ich entweder vermehrt auf die Hinterhand zugehe – dieser Vorgang ist bei Fortgeschrittenen empfehlenswert, da er das Pferd noch mehr auf die Hinterhand bringt

**1** Ich verändere meinen Winkel und drehe mich nun mehr zur Hinterhand hin.

**2** Indem ich auf die Hinterhand zulaufe, übe ich optischen Druck darauf aus. Die Hinterhand weicht nach außen, und die Vorhand kommt näher zu mir.

**3** Scout steht nun vor mir, und ich kann ihn streicheln.

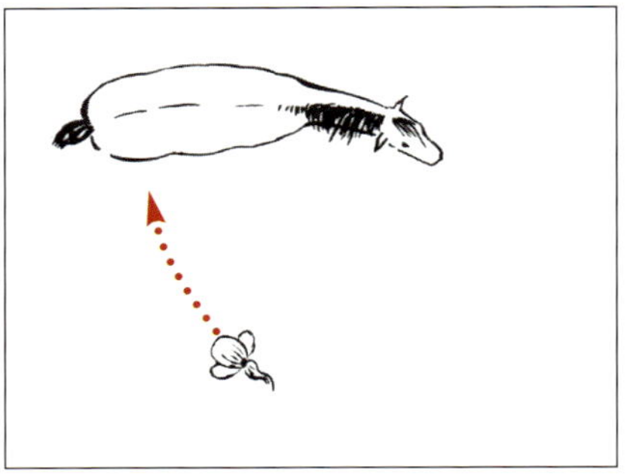

**1** Ich verändere meinen Winkel und laufe direkt auf die Hinterhand zu, um hier optischen Druck aufzubauen.

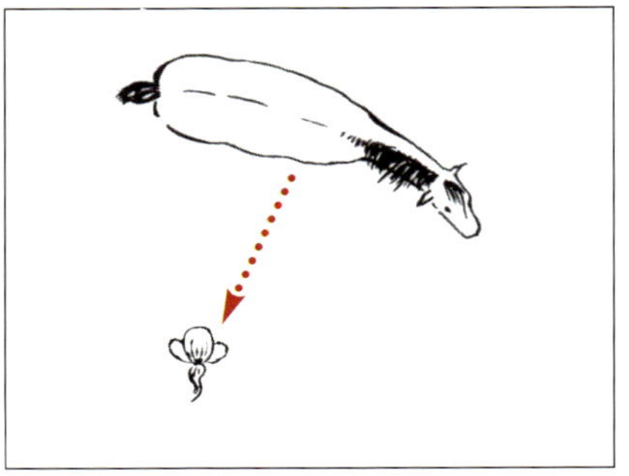

**2** Ist die Hinterhand vor mir gewichen, kann ich anfangs auf Höhe der Schulter rückwärtsgehen, um das Pferd in seiner Absicht zu bestätigen und wieder zu mir einzuladen.

– oder rückwärts laufe, um die Vorhand einzuladen, zu mir zu kommen. Letzteres wäre zu empfehlen bei Pferden, die noch nicht ganz verstehen, was wir von ihnen wollen, um ihnen zu zeigen, dass sie auf dem richtigen Weg sind (siehe auch Bilderreihe).

Je mehr ein Pferd die Hinterhand mit einbezieht, umso stärker verlagert es auch sein Gewicht auf diese. Genau das sollte unser Ziel sein, um die Vorhand weitestgehend zu entlasten. Eine lockere Hinterhand wirkt sich außerdem positiv auf den Wendekreis eines Pferdes aus und auf dessen gesamte Beweglichkeit, während etwa das Durchgehen die Folge einer blockierten, unbeweglichen Hinterhand ist. Bei Pferden, die beim Reiten über die Schulter gehen, die nicht seitlich vor uns weichen können, die mitunter „büffelig" wirken, kann die Ursache in einer vernachlässigten Hinterhand liegen und ist keinesfalls böse Absicht der Tiere.

Die Hinterhand wird vor allem in der Freizeitreiterei zu wenig beachtet. Es ist jedoch auch hierbei wichtig, dass man einem Pferd in zunehmendem Maße dazu verhilft, seine Hinterhand aktiv werden zu lassen, um unnötige Belastungsauswirkungen in der Vorhand zu verhindern (siehe auch Kapitel „Gymnastizierung").

# Paint Pony – diese Lehre vergesse ich nie

*Während ich mich wieder einmal auf Fortbildung in Arizona befand, habe ich dort mit einem Quarter Horse gearbeitet. Es war eines von zwei vierjährigen Pferdchen, die mein Ausbilder Harry von einem Freund mit Geldnöten aus Colorado angenommen hatte, um diesem zu helfen. Harry erzählte uns, diese zwei Ponys (Harry nannte alle Pferde außer Warmblütern „Ponys") seien ihm geschickt worden und er solle sie ein bisschen herrichten, damit man sie besser verkaufen könne. Die zwei boten keine sehr gute Erscheinung, beide sahen noch nicht fertig ausgewachsen, etwas unterernährt und sehr ungepflegt aus. Bevor Harry sich überhaupt traute, sie körperlich zu beanspruchen, fütterte er sie sieben Wochen lang, ließ die Hufe behandeln und überließ sie vorerst sich selbst, damit sie sich vom Transport und dem extremen Klimaumschwung erholen konnten. Schließlich waren wir im heißen Arizona, und in Colorado trieb ein Schneesturm nach dem anderen sein Unwesen.*

*Als ich mich zu diesem Kurs anmeldete, versuchte ich Harry klarzumachen, dass ich dieses Mal wirklich gerne an fortgeschrittenem Reiten arbeiten würde. Harry verstand mein Problem, dass ich nicht in der Lage war, mein eigenes Pferd mitzubringen. Im Gegensatz zu allen anderen, die mit ihren eigenen Pferden hier waren, war ich immer darauf angewiesen, mir ein Tier zu leihen, meistens handelte es sich dann um ein Pferd mit großen Problemen oder ein völlig rohes Pferd, in beiden Fällen war also an fortgeschrittenes Reiten nicht zu denken. Aus diesem Grund war ich der Meinung, dass ich in den letzten Jahren genug Unterricht in Sachen Bodenarbeit bekommen hatte, obwohl man diesbezüglich niemals auslernen würde, aber ich wollte endlich einmal in Sachen Reiten unterrichtet werden. Leider musste Harry das Pferd, das er für mich vorgesehen hatte, kurz vor meiner Ankunft wegen einer plötzlichen schweren Krankheit einschläfern lassen, was mich wieder zur Bodenarbeit zurückwarf.*

*An diesem Nachmittag also war ich etwas frustriert, stand mit dem Pony im Round-Pen, und alle anderen ritten ihre Pferde unter Harrys Anleitungen auf dem angrenzenden Reitplatz. Nachdem das Pony keinerlei Probleme zu haben schien, arbeitete ich an Geschwindigkeitsübergängen und Richtungswechsel, lud es ein, zu mir zu kommen, schickte es wieder hinaus, lud es erneut ein, fing an, es auszusacken, und ließ es hinter mir herlaufen. Alles funktionierte wie am Schnürchen. Das Einzige, was mir nicht gefiel, war die Art und Weise,* »

*wie es sich hinter mir herziehen ließ, wenn ich es von der Koppel holte, um mit ihm zu arbeiten, oder es wieder zurückbringen wollte. Egal, wohin ich es führte, es wirkte immer sehr träge. Dies schob ich zunächst einmal auf seinen körperlichen Zustand, da es außer seinen körperlichen Defiziten bei seiner Ankunft auch sehr verwurmt gewesen war. Ich nahm also an, dass es einfach nicht viel Energie hatte und deshalb so träge wirkte.*

*Ich arbeitete eine Weile am Satteln, und auch das lief prima. Es stand da mit gesenktem Kopf, und ich dachte mir, dass wohl irgendjemand doch eine ganze Menge Zeit in das Tier investiert hatte. Nichts schien das Pferd aus der Fassung zu bringen. Ich wusste zwar, dass die beiden Ponys schon geritten waren, aber dass sie sich so ruhig und gelassen verhielten, darüber war ich einigermaßen erstaunt. Daher machte ich mir also berechtigte Hoffnungen, vielleicht bis zum Ende der Woche doch noch zu meinem fortgeschrittenen Unterricht zu kommen. Ich gab dem Pferd eine kleine Pause und sah den anderen bei ihrer Arbeit zu, als Ross, ein Horsemen aus Australien, den ich vor vielen Jahren bei einem Kurs hier kennengelernt hatte, vorbeikam. Seit unserer ersten Begegnung verstehen wir uns so gut, dass ich mich immer riesig freue, wenn wir in der Lage sind, unsere Kurstermine bei Harry zur gleichen Zeit zu buchen. Ross fragte mich, wie es so liefe, und ich erzählte ihm, dass alles prima wäre und das Pony ausgezeichnet mitmache, absolut ruhig und sehr ausgeglichen sei und ich daher die Absicht hätte, wohl am nächsten Tag mal aufzusteigen. Ross wäre nicht Ross, wenn er die Frage nicht aus einem gewissen Grund gestellt hätte, und er meinte: „Ich habe euch vorhin beobachtet, ich traue dem Pferd nicht, vielleicht solltest du Harry noch mal fragen, bevor du dich draufsetzt." Ich konnte seine Bedenken nicht ganz verstehen und wollte sie wohl auch nicht begreifen, weil das für mich weitere Bodenarbeit bedeuten würde und ich nun endlich mit den anderen reiten wollte. Ich erzählte Ross, was ich bisher alles mit dem Pony gearbeitet hatte, und versicherte ihm, dass es wirklich perfekt mitmache. Auf diese Weise wollte ich ihn überzeugen, dass seine Bedenken nicht gerechtfertigt seien, war aber trotzdem neugierig, warum er nur solche Zweifel äußerte. Da Ross sich niemals vordrängen und keinesfalls als Ausbilder auftreten würde, denn dies war seiner Ansicht nach Harrys Kurs und Ross würde das immer respektieren, meinte er nur: „Ich weiß auch gar nicht, warum ich das gesagt habe, vielleicht hast du auch Recht." Für mich reichten diese Worte jedoch aus, um Selbstzweifel zu bekommen, denn dass Ross sich zurückhalten würde, wusste ich sehr wohl. Also ging ich zu Harry, um seinen Rat einzuholen.*

*Harry ließ mich wieder im Round-Pen arbeiten und schaute mir eine ganze Weile zu, ohne ein Wort zu sagen. Je länger er mir zusah, ohne ein Wort zu verlieren, umso sicherer wurde ich mir, dass ich diesmal wohl doch Recht hatte und es keinerlei Bedenken gab, sonst hätte Harry mich längst mein Programm ändern lassen. Mein Ausbilder beobachtete mich noch eine Zeit lang wortlos und fing dann an, mal hier und da etwas einzuwerfen. Er forderte mich auf, die Richtungswechsel abrupter zu machen und darauf zu achten, dass die Beschleunigung prompter kam, nachdem ich mein Pferd dazu aufforderte. Es passierte nichts Außergewöhnliches, deshalb wunderte ich mich, warum auch Harrys Gesicht so gespannt aussah. Er schlug nun vor, viel mehr zu erwarten und die Veränderungen in Geschwindigkeit und Richtung öfter und schneller hintereinander aufzufordern. Ich folgte, und plötzlich passierte es: Das so liebe, träge Pony, das nichts und niemand aus der Ruhe bringen konnte, ist regelrecht explodiert, buckelnd und alle viere in die Luft werfend raste es um mich herum, schnaubend und in alle Richtungen austretend. Ich stand da und glaubte meinen Augen nicht zu trauen. Es war, als ob ein Blitz eingeschlagen hätte und das kleine Tier zum Leben erweckt wurde, da war so viel Energie, die auch noch für ein zweites Pferd gereicht hätte, aber nicht nur Energie, sondern auch viel Angestautes, das bisher unterdrückt und nun herausgelassen wurde. Nach zahlreichen Runden dieses Rodeos entspannte sich das Pony langsam und lief nun wieder etwas ruhiger, aber nicht mehr träge und teilnahmslos wie vorher. Ich wusste nicht, wie ich jetzt weiterarbeiten sollte, und wandte mich an meinen Ausbilder. „Redselig", wie Harry nun mal war, meinte er nur: „Jetzt ist er wach!"*

*Als ich die Stunde für diesen Tag beendete, merkte ich auch eine große Veränderung beim Führen: Anstatt hinterhergezogen zu werden, lief das Pony nun willig und flott neben mir her und wirkte im ganzen Erscheinungsbild wesentlich lebhafter.*

*Ich schämte mich ein bisschen, weil ich so von mir überzeugt war, dass ich keinen Unterricht in Bodenarbeit mehr brauchte, und mir dann ausgerechnet dabei ein so gravierender Fehler unterlaufen war. Ich war derart auf mein Ziel fixiert, dass ich nicht erkannte, was wirklich vor sich ging. Ich wollte nicht sehen, was das Pferd tatsächlich brauchte, weil ich ihm das gar nicht geben wollte, denn ich war nach Arizona gereist, um im Reiten gefördert zu werden, und habe dabei völlig außer Acht gelassen, welche Bedürfnisse mein künftiges Reitpferd hatte. Nun war ich also auf den Boden der Tatsachen zurückgekehrt, mir war klar, dass ich noch unendlich viel in Sachen Bodenarbeit lernen musste, und fragte Harry, woran er das Problem erkannt hatte. Er erklärte mir: „Für mich sah es so aus, als laufe das Pferd stets mit angezogener Handbremse, es hielt immer etwas zurück und gab nie alles, egal was du von ihm verlangt hast. Es hat dir gerade so viel gegeben, um dadurch um die Sache herumzukommen. Ein Pferd mit einer solchen Einstellung ist nicht 100 Prozent bei der Sache und zeigt dir seine Gefühle nicht. Daher ist es wichtig, dass man diese Gefühle herauslockt, damit man weiß, mit wem man es zu tun hat. Es ist nicht ungewöhnlich, dass Pferde, die so tot aussehen, am meisten explodieren, wenn sie zum Leben erwachen."*

*Mir wurde bewusst, dass Ross mich vor viel Schlimmerem bewahrt hatte. Bevor er seine Zweifel äußerte, hätte ich mich bedenkenlos auf dieses Pferd in seinem Schlummerzustand, in dem es sich befand, gesetzt, und wenn es in dem Moment aufgewacht wäre, als ich darauf*

*saß, hätte das ganz schön schlimm ausgehen können. Am Abend sprach ich Ross noch einmal auf den Vorgang an und beichtete ihm, dass ich mich ziemlich dumm fühle, weil ich so blind war. Ich bedankte mich bei ihm für seine Aufmerksamkeit und dass er Dinge gesehen hat, die mir verborgen geblieben wäre. Doch Ross wäre nicht Ross, wenn er nicht bescheiden gelächelt und gesagt hätte: „Das hättest du auch noch rechtzeitig gesehen, ich bin dir nur zuvorgekommen.“*

## Nachtrag zu Paint-Pony

Pferde wie dieses gibt es mehr, als man denkt. Dieses Verhalten ist für viele Pferde ein Selbstschutz, den sie aufbauen, wenn sie lange rücksichts- oder verständnislos gearbeitet werden. Ein Pferd versucht immer das Beste zu geben, so viel, wie es eben kann. Wenn das vom Ausbilder nicht verstanden wird und er das Pferd überfordert oder seine Ausbildungsweise zu schwer verständlich für das Pferd ist, schaltet es geistig ab und funktioniert nur noch mechanisch. Es versucht zwar immer noch, alles richtig zu machen, hat aber jegliche Freude an der Arbeit verloren und ist deshalb in Gedanken ganz woanders.

**Warum ist es wichtig, diese Pferde aufzuwecken, wenn sie doch dann explodieren und gefährlich werden und vorher so ruhig waren?**

Es gibt zwei Gründe, warum man diese Pferde nicht in ihrer Verfassung lassen sollte.

1. Man weiß nie, was ein so genanntes Aufwachen des Pferdes auslösen könnte. Ich kannte Pferde, die monatelang ganz brav und zuverlässig im Gelände entlanggetrottet sind, und ein auffliegender Vogel war plötzlich der Auslöser für eine regelrechte Explosion. Dies kann für den Reiter gefährlich sein, denn ein solches Pferd ist unberechenbar, nicht weil es das sein möchte, sondern weil es bisher keine andere Wahl hatte.
2. Man tut es dem Pferd zuliebe. Versetzen Sie sich in seine Lage: Was ist das für ein Leben, wenn man alles in sich hineinfrisst und denkt, dass niemand Interesse an seinen wirklichen Gefühlen hat. Wenn wir wollen, dass unser Pferd Spaß bei der Arbeit hat, gerne mit uns geht und Ehrgeiz entwickelt, dann ist es auch wichtig, ihm zu zeigen, dass uns seine Gefühle etwas bedeuten, also müssen wir ihm helfen, sein Inneres nach außen zu kehren.

**Gibt man dem Pferd nun die Gelegenheit, seine Gefühle zu zeigen, so kann man auch mit möglichen negativen Einstellungen des Pferdes dem Menschen oder der Arbeit gegenüber arbeiten und einen Einfluss darauf nehmen. Es ist sogar möglich, das Pferd eines anderen zu überzeugen und somit die Einstellung zu ändern. Auf diese Weise lernt das Pferd, seine Empfindungen zu demonstrieren, ohne dabei zu explodieren.**

# 4 Pferde-Charaktere

*Jedes Pferd ist einmalig. Der Charakter eines Pferdes hat viele Wurzeln: seine Rasse, die Gene der unmittelbaren Vorfahren, aber auch Erfahrungen, die das Pferd seit dem ersten Tag seines Lebens gesammelt hat.*
*So ist jedes Pferd, wie der Mensch, ein eigenständiges Individuum. Jeder, der ein Pferd ausbildet, sollte sich dessen bewusst sein.*

# Einfühlungsvermögen und Konsequenz

Dass man bei der Ausbildung eines Pferdes auf seine Vorgeschichte und auf seinen Gesundheitszustand Rücksicht nehmen sollte, leuchtet ein. Allerdings dürfen wir uns nicht zu sehr von der Vergangenheit beeinflussen lassen, da wir das Geschehene nun einmal nicht ungeschehen machen können. Konzentrieren wir uns zu intensiv auf das, was war, suchen wir dadurch vielleicht zu sehr nach Entschuldigungen für unerwünschtes Verhalten.

Dazu ein Beispiel: Wir wissen, dass ein Pferd, das zu uns kommt, von seinem Vorbesitzer misshandelt wurde. Uns wurde erzählt, dass man es regelmäßig in eine Ecke gedrängt und geschlagen hat. Das Pferd hat mit Selbstverteidigung reagiert, anfangs nur durch Ohrenanlegen, später dann durch Schnappen und Treten.

Natürlich ist derartiges Verhalten verständlich. Aber das heißt noch lange nicht, dass wir dieses Benehmen zulassen können. Sogar schon beim Ohrenanlegen und Drohen sollten wir dem Tier sanft, aber doch bestimmt klarmachen, dass dies unakzeptabel ist. Dulden wir Drohgebärden, weil wir verstehen können, warum das Pferd sich so verhält, und streicheln es womöglich noch dabei, da es uns leidtut, unterstützen wir es in der Absicht, die es mit dem Gebaren deutlich macht.

**Neben Einfühlungsvermögen und Geduld ist auch Konsequenz ein wichtiger Teil bei der Arbeit mit Pferden**

### Zielsetzung – auf was es ankommt

Wir müssen die Vergangenheit abschließen und dem Pferd zu verstehen geben, dass wir einen Neuanfang suchen. Wir dürfen es auf keinen Fall dafür strafen, aber wir müssen es in die Schranken weisen, indem wir es beispielsweise einen Schritt rückwärtsgehen lassen oder kurz wegsenden. Auch ein scharfes Wort erfüllt seinen Zweck, dies ist individuell auf das jeweilige Pferd abzustimmen.

Es gibt Pferde, die zu traben, ja sogar zu galoppieren beginnen, wenn sie das Round-Pen betreten. Sie stehen unter Anspannung oder mussten bei einem früheren Training erfahren, dass sie erst einmal eine Weile angetrieben werden, bevor sie Kontakt zu ihrem Trainer aufnehmen dürfen. Ich fühle mich nicht berufen, lediglich Befehle zu erteilen. Stattdessen will ich mir ein Bild machen über die Bedürfnisse und möglichen Probleme, die das Pferd hat, um ihm durch eine gezielte Therapie helfen zu können. Es soll ein Miteinander zwischen dem Pferd und mir werden. Bei der Bodenarbeit will ich dem Pferd Lösungen anbieten. Statt Befehle zu erteilen, versuche ich es zu motivieren und möchte ihm außerdem die Angst vor Strafe nehmen. Wenn ich es auffordere, sich im Round-Pen zu bewegen, will ich es nicht wegscheuchen, sondern ich schlage es ihm vor und lade es ein, zu mir zu kommen. Auf diese Weise kann ich auch erkennen, inwieweit seine Aufmerksamkeit bei mir ist.

**1** An Pionier kann man die Anspannung deutlich erkennen. Sein Kopf und auch sein Schweif sind nach oben gezogen und die Beine bewegen sich mehr auf-ab als nach vorne. Bei schlankeren Pferden lässt sich außerdem eine Rinne unmittelbar unter der Wirbelsäule ausmachen, die die angespannte Rückenmuskulatur zeigt.

**2** Ronja läuft gelassen, ihr Hals ist in einer Linie mit dem Rücken und ihr Schritt greift mehr nach vorne als nach oben.

Man kann bei der Ausbildung durch Tempo- und Richtungswechsel sehr viel über die Einstellung des Pferdes der Arbeit und dem Menschen gegenüber erkennen. Die Zeichen, die das Pferd während des Trainings gibt, bestimmen die weiteren Reaktionen des Ausbilders. Es geht darum, wie der Bewegungsablauf aussieht, ob das Pferd weiche oder harte Gänge hat, ob es nervös, angespannt oder aufdringlich wirkt, ob es Probleme hat, meine Vorschläge anzunehmen (dies zeigt sich dadurch, dass es sich den Richtungs- oder Tempowechseln widersetzt) oder ob es sich gerne von mir überzeugen lässt (in diesem Fall reagiert es prompt auf Änderungsvorschläge). Ist es mit den Gedanken bei der Sache? Ist die Körperhaltung entspannt? Ist der Bewegungsablauf der Beine weich? Hält es den Kopf gesenkt? Wippt es bei den Bewegungen der Vorderbeine und der Rücken schwingt nach oben mit? Ein angespanntes Pferd ist härter in seinen Bewegungen, der Rücken wird ebenfalls hart. All diese Beobachtungen helfen, uns auf die unterschiedlichen Bedürfnisse in der Trainingsweise der Pferde einzustellen.

## Pferdetypen im Einzelnen

**Das maschinelle Pferd:**

Das Pferd, das durch falsche Behandlung abgestumpft ist, haben wir bereits erwähnt. Weil es wie eine Maschine behandelt oder mit zu viel Zwang ausgebildet und somit überfordert wurde, funktioniert es nur noch mechanisch wie ein Automat. Es hat bereits bei der Ausbildung erfahren müssen, dass es auf seine Empfindungen nicht ankommt. Das maschinelle Pferd folgt unseren Anweisungen mit dem Gleichmut eines Roboters. Es widersetzt sich nicht, aber es funktioniert wie in Trance, denn es hat aus Selbstschutz geistig abgeschaltet. Alles, was man von ihm erwartet, führt es perfekt aus, um nicht in Schwierigkeiten zu geraten. Warum also nicht das Pferd in seinem Dornröschen-Zustand belassen? In erster Linie um des Pferdes willen: Es ist doch ein bedauernswertes Leben, wenn man eine Arbeit nur so verrichtet, dass man weitestgehend in Ruhe gelassen wird. Unser Ziel ist es doch, dass das Pferd sich bei uns und mit uns wohl fühlt und an der Arbeit genauso viel Freude empfinden kann wie wir.

In einem anderen Fall kann ein solches Pferd auch unerwartet aufwachen und dabei regelrecht explodieren, indem es etwa plötzlich vor etwas völlig Unvorhergesehenem erschrickt und unvorbereitet buckelt, in Panik gerät oder steigt – meistens mit schwerwiegenden Konsequenzen für den Reiter. Deshalb sollte man rechtzeitig ein solches Pferd ermuntern und ihm die Gelegenheit geben, auch seine negativen Regungen zu zeigen. Ich kann versuchen, das Pferd aufzuwecken, indem ich meine Aufforderung sehr abrupt stelle, z.B. durch extrem kurzfristige Richtungswechsel, oder wenn ich dem trabenden oder sogar galoppierenden Pferd sehr knapp den Weg abschneide, um es dann in eine andere Richtung zu schicken. Veränderungen im Tempo verlange ich plötzlich mit dem Ziel, dem Pferd keine Gelegenheit zu geben, nach einer durchgeführten Übung wieder in seinen Dornröschenschlaf zu verfallen, sondern gedanklich weiter mit mir zu arbeiten. Auch muss ich Übungen ständig ändern, indem ich sehr viel Abwechslung in meine Aufforderungen bringe, etwa sämtliche Wechsel immer sehr kurz hintereinander folgend verlange und auch beim Tempowechsel eine konsequente Veränderung von Schritt, Trab, Galopp, Trab, Galopp, Trab, Schritt, Galopp usw. erwarte. Mein Ziel besteht darin, dass das

**Wenn es von Herzen kommt und du deinen Verstand einschaltest, kann es niemals falsch sein**

Um ein maschinelles Pferd aufzuwecken, muss man manchmal abrupte Dinge fordern wie hier bei der Außenwendung. Wichtig ist jedoch, dass ich aus der Wendung langsam und sanft fortfahre und dies nicht zu oft wiederhole.

Pia schaut interessiert nach vorne, sie wirkt aufgeweckt, aber nicht angespannt, eine gute Voraussetzung, etwas zu lernen.

Pferd bald zu dem Punkt kommt, an dem es mir zeigt, wie es sich fühlt. Dies können ganz kleine Veränderungen in seiner Reaktion sein, doch es ist entscheidend, dass ich sofort darauf reagiere, indem ich ihm eine Pause gebe. Eine Gefühlsregung von ihm, egal in welcher Form, ist wünschenswert und muss belohnt werden. Würde ich das Pferd für mögliche Anzeichen eines Widersetzens strafen, würde ich den Rest an negativen Gefühlen unterdrücken mit der Konsequenz, dass sie irgendwann bei einer anderen Gelegenheit ausbrechen könnten. Ich muss dem Pferd während der Arbeit im Round-Pen klarmachen, dass es seine negativen Empfindungen durchaus zeigen darf, etwa durch Buckeln, Steigen, Austreten oder Kopfschütteln. Durch solche Gesten erkenne ich, wie das Pferd zu dieser Arbeit steht, und kann ihm durch einfühlsames Training helfen, eine andere Einstellung zu bekommen. Nur wenn ich dem Pferd erlaube, mir seine ehrliche Meinung zu demonstrieren, kann ich darauf eingehen und es unterstützen, diese Gefühlslage zu ändern. Dies versuche ich, indem ich die Übergänge weiter übe, aber meine Aufforderung dazu immer mehr zurücknehme, immer sanfter herangehe, um das Pferd mit so wenig Druck wie möglich zu lenken. Auch meine Richtungswechsel werden sanfter, damit das Pferd lernen kann, sich darauf einzustellen. Auf diese Weise entsteht ganz natürlich eine Kommunikation. Das Pferd lernt mich zu verstehen und beginnt mehr und mehr mitzudenken. Ganz wichtig ist auch das prompte Aufhören, wenn das Pferd meine Aufforderung befolgt hat. Deshalb sollte man dem Pferd Sicherheit bei der Suche nach der richtigen Lösung geben. Solange es versucht zu lernen, muss man es belohnen und motivieren, auch dann, wenn es nicht auf Anhieb die richtige Antwort findet. Wenn wir unser Pferd für eine falsche Reaktion strafen, resigniert es und denkt nur noch an Selbstverteidigung. Kommt es von sich aus auf eine Lösung, ist das Ergebnis wesentlich effektiver. Anstatt uns stur auf ein Ziel zu konzentrieren, sollten wir darauf achten, dass das Pferd sich wohl fühlt, wenn es dort ankommt.

Hat das Pferd erst einmal die Gelegenheit gehabt, seine aufgestauten Gefühle herauszulassen, erwacht es zum Leben. Das sieht man an seinen Bewegungen, erkennt es an seinen Augen und seinem Gesichtsausdruck. Augen, die vorher leer und tot schienen, blicken wieder interessiert um sich. Darauf sollten wir hinarbeiten.

### Das apathische Pferd ohne jeden Ehrgeiz

Wenn das Pferd scheinbar apathisch, sogar „tot" wirkt und weder bei der Bodenarbeit noch beim Reiten Ehrgeiz zeigt, ist erst einmal zu überprüfen, ob hinter dem mangelnden Elan gesundheitliche Gründe stecken könnten. Dieses Verhalten kann am schlechten Allgemeinzustand liegen, etwa an unzureichendem Futterzustand oder an Problemen im Rücken, eine Senkung im Hals unmittelbar vor dem Widerrist oder eine unkorrekte Körperhaltung können dies ebenfalls andeuten. Apathie oder mangelnder Ehrgeiz kommen möglicherweise auch von falschem

Training. Ein Pferd, das mit viel Druck und Gewalt behandelt wurde, kann sowohl übernervös, maschinell oder eben apathisch reagieren.
Wenn ein gesundes Pferd bei der Bodenarbeit apathisch wirkt, muss ich als Ausbilder es erst einmal dazu bringen, dass es mich registriert. Die Methode, die man beim maschinellen Pferd anwendet, könnte auch hier erfolgreich sein. Um eine Veränderung zu erreichen, muss man gelegentlich sehr groß in seinen Aktionen werden. Ein anderes Mal kann es etwas bewirken, wenn ich ausnahmsweise extrem klein bleibe und mich mit den minimalsten Dingen zufriedengebe. Pferde sind gelegentlich deshalb apathisch, weil ihre Menschen sich immer zu groß aufgespielt haben, da sie davon ausgehen, dass man sehr viel Aktion zeigen muss, um diese Pferde zu irgendetwas zu bewegen. In einem solchen Fall ist ein Zurückgehen und „Klitzeklein"-Werden die bessere Wahl, ähnlich wie bei einem hochsensiblen Pferd. Unter diesem Aspekt fange ich immer mit einem Minimum an und bin jederzeit bereit, den Druck zu vermindern, sobald das Pferd eine Reaktion in erwünschter Richtung zeigt. Es ist auch hilfreich, Übungen zu wiederholen und immer wieder das Pferd zu uns einzuladen und zu belohnen. Jeder – und da machen Pferde keine Ausnahme – arbeitet gerne für Lob.
Ich erinnere mich an eine Stute, die Schwierigkeiten hatte, in die nächste Gangart, z.B. von Trab in den Galopp, zu wechseln. Um sie zur Mitarbeit zu motivieren, habe ich mich anfangs mit viel weniger zufriedengegeben. Wenn ich wollte, dass sie galoppiert, habe ich sie bereits dafür gelobt, wenn sie den Trab auch nur minimal beschleunigte. Dieses Lob motivierte sie derart, dass sie anfing, etwas mehr Ehrgeiz ihrerseits aufzubringen. Als der Trab flüssiger wurde, versuchte ich einen oder zwei Galoppschritte zu bekommen, und habe den ersten Ansatz bereits belohnt und mich vorerst damit zufriedengegeben.

1 Ich gebe mehr Energie in meinen Schritt, Buddy hebt leicht den Kopf, beschleunigt aber seinen Schritt.

2 Dies belohne ich, indem ich meinen Druck von ihm nehme und leicht nach hinten abfalle.

3 Buddy reagiert darauf mit Senken des Kopfes – dies bedeutet Entspannung.

Aramis bekommt sofort Freiraum, wenn er in den Galopp fällt. Dies motiviert ihn, beim nächsten Mal früher zu reagieren.

Wenn man bei solchen Pferden am Galopp arbeitet, dann darf man nicht gleich eine ganze Reihe von Galoppsprüngen hintereinander erwarten. Der Gedankengang der Pferde ist hier wie folgt: Ich werde angetrieben, wenn ich trabe, also mache ich mal einen Galoppsprung oder zwei; aber ich werde immer noch getrieben, also kann der Galopp wohl nicht das Richtige gewesen sein, daher kann ich auch einfach weiter traben. Oder: Wenn ich beim Trab angetrieben werde und genauso beim Galopp, warum soll ich dann den Aufwand betreiben und galoppieren, wenn ich auch weiter traben kann. Es ist also wichtig, anfangs auch nur einen einzelnen Galoppsprung zu belohnen, indem ich meine Energie drossele. Anschließend kann ich wieder von vorn mit dem Beschleunigen beginnen, auch dieses Lob für jeden einzelnen Galoppsprung fördert das Pferd, mehr zu geben. Später ist dann eine Steigerung möglich. Hierbei ist darauf zu achten, dass ich nicht zu schnell steigere. Wenn ich weiß, das Pferd würde nach fünf Galoppsprüngen wieder in den Trab fallen, kann ich versuchen, nach vier Sprüngen das Tempo zu drosseln, gibt mir das Pferd freiwillig sechs, dann drossele ich nach fünf usw. Auf diese Weise wird das Pferd mir allmählich vertrauen, es erkennt, dass ich nicht mehr von ihm verlange, als es im Moment zu geben bereit ist. Es beginnt auf eine Hilfe von mir zu warten, die ihm sagt, dass es wieder langsam machen kann, und ich habe die Möglichkeit, die Hilfe später, z.B. nach sieben Galoppsprüngen, anzubieten. Auf diese Weise kann ich ein apathisches Pferd ohne jeden Ehrgeiz motivieren, wieder gerne mitzuarbeiten.

**Das selbstbewusste, desinteressierte Pferd**

Ein solches Pferd kann man daran erkennen, dass es häufig nach außen schaut, uns fast umrennt, wenn wir uns in den Weg zu stellen versuchen, auf unsere Hilfen zum Beschleunigen, Drosseln oder Richtungswechsel sehr spät reagiert, mit den Gedanken ständig woanders ist. Hier muss ich als Erstes Interesse wecken, indem ich wieder einmal mein Programm ändere, um für das Pferd interessant zu werden.

Manchmal hilft ein Überraschungseffekt, wenn man etwas macht, womit das Pferd nicht gerechnet hat. Ich stelle mich nicht in die Mitte des Round-Pens, sondern irgendwo auf die Seite, ungefähr zwei Meter vom Zaun entfernt. Nun beginne ich sehr sachte mit dem Fähnchen zu wedeln, dann immer stärker, bis das Pferd mich anschaut. Prompt höre ich auf. Zeigt es erneut Desinteresse jeglicher Art, z.B. es beginnt zu laufen, schnuppert am Boden, schaut sich nach draußen um usw., fange ich wieder an zu winken. Dies wiederhole ich und positioniere mich immer wieder neu, indem ich mich einmal auf Höhe der Hinterhand, ein anderes Mal auf Höhe der Vorhand oder des Kopfes stelle. Anfangs höre ich auf zu wedeln, wenn es mich ansieht, später winke ich länger und beende den Vorgang, wenn es einen Schritt auf mich zugeht. Dies kann ich spielerisch so weit steigern, bis das Pferd zu mir kommt, sobald ich es mit dem Fähnchen dazu auffordere. Das Fähn-

**1** Scout zeigt absolutes Desinteresse, seine Vorhand befindet sich sogar näher am Zaun als seine Hinterhand. Er ist komplett von mir abgewandt und schaut nach draußen. Ich fordere ihn mit Hilfe meines Fähnchens auf, mir mehr Aufmerksamkeit zu schenken.

**2** Scout dreht seinen Kopf zu mir und beginnt in meine Richtung zu laufen. Jetzt kann ich aufhören, mit dem Fähnchen zu wedeln.

chen kann also sowohl zum Vorantreiben als auch zum Heranholen oder nur dazu verwendet werden, um die Aufmerksamkeit zu erlangen. Meine Körpersprache und die dazu verwendete Energie sind entscheidend.

### Das „besorgte" und ängstliche Pferd

Manche Pferde sind überaus besorgt. Sie leben in ständiger Angst, etwas falsch zu machen, und setzen sich dadurch selbst unter Druck. Sie haben ihre Lektionen gewissenhaft einstudiert und versuchen, immer einen Schritt voraus zu sein. Ihr Programm kennen sie genau und spulen es ab, gehen in das Round-Pen und fangen an zu rennen. Dabei wirken sie so, als ob sie ständig unter Strom stünden. Erst wenn sie ein paar Runden gerannt sind, können sie von ihrem Energie-Level herunterkommen.

Ich präsentiere diesen Pferden etwas ganz anderes als das, was sie bisher kennengelernt haben: Sie brauchen ein ganz langsames Training mit viel Freiheit und ganz wenig Steigerung in den Forderungen, die wir an sie stellen.

Es wäre falsch, ein ängstliches Pferd in Trab und Galopp vor uns herzutreiben. Warum sollte ich auch ein ohnehin schon ängstliches Pferd in die Flucht hetzen? Es kann sein, dass diese Pferde ruhig bleiben, solange sie nah bei mir sind, wenn ich sie aber wegschicke, sehr hektisch werden. Das liegt daran, dass sie sich in unmittelbarer Nähe des Menschen sicher oder wohler fühlen, sei es, weil sie wissen, dass sie dann nicht rennen müssen, oder weil der Mensch ihnen eine gewisse Sicherheit gibt.

Pferde finden in drei Dingen Sicherheit:

1. In ihrer Umgebung (deshalb sind sie in ihrem Heimatstall oft ruhiger als in fremder Umgebung)
2. In sich selbst (trifft bei ängstlichen Pferden eher nicht zu)
3. In ihrer Gesellschaft (die besteht jedoch meist aus anderen Pferden, wir Menschen müssen uns das erst erarbeiten)

Hier ist es hilfreich, folgendermaßen vorzugehen: Ich schicke das Pferd zunächst nur einen Schritt weg. Sobald es sich in Bewegung setzt mit der Absicht, wegzulaufen (nicht rückwärts gehend, um bei mir zu bleiben), lade ich es sofort wieder ein, zu mir zurückzukommen, indem ich auf Höhe der Schulter aus rückwärts gehe. Dies gelingt vielleicht nicht sofort beim ersten Mal, dann muss man einfach versuchen, das Wegschicken sanfter und das Hereinholen deutlicher zu machen. Wenn das gut klappt, erhöhe ich langsam die Anzahl der Schritte, die ich das Pferd von mir wegschicke. Steigern sollte ich nur schrittweise und erst, wenn das Pferd wirklich prompt wieder zu mir zurückkommt. Da diese Pferde sich zunächst nur wohl und sicher fühlen, solange sie nah bei mir sind und auf Abstand zu mir ihre Sicherheit verlieren und nervös wirken, ist es von Vorteil, sie nur einen Schritt wegzuschicken und gleich wieder zu mir einzuladen. Sie lernen auf diese Weise, ihre Sicherheit beizubehalten, weil sie ja gleich wieder zurückkommen dürfen. Anschließend dehne ich die Übung auf zwei Schritte aus. Das Pferd kann sich nun langsam darauf einstellen, mir trotz größer werdenden Abstands zu vertrauen, da ich es immer wieder zu mir einlade. Langsam beginnt es, mehr Selbstvertrauen aufzubauen und auch Vertrauen zu mir zu finden, da ich ihm zeige, dass ich nicht mehr

**1** Sandra deutet auf Manjas Kopf und signalisiert ihr damit, dass sie von ihr weichen soll ...

**2** ... nur um sie gleich wieder zu sich einzuladen, damit die geistige Verbindung nicht unterbrochen wird.

verlange, als es zu geben in der Lage ist. Allerdings habe ich stets darauf zu achten, den Abstand nie zu groß werden zu lassen. Das Pferd sollte zurückgeholt werden, bevor es wieder nervös wird.

Diese Übung ist übrigens auch sehr hilfreich bei Pferden, die nicht ängstlich sind, sich gern bei mir aufhalten, ohne Probleme hinterherlaufen, aber ab einem gewissen Abstand Schwierigkeiten haben, bei Aufforderung zu mir zu kommen. Diese Pferde haben ihre Gedanken so lange bei mir, soweit sie in meiner unmittelbaren Nähe sind, wird der Abstand jedoch größer, so schalten sie auch gedanklich von mir ab. Dies zeigt sich darin, dass sie auf meine Aufforderung, zu mir zu kommen, nur sehr spät oder gar nicht reagieren. Hier übe ich das Zurückkommen in dem Abstand, in dem das Pferd gedanklich noch bei mir ist, und dehne es in der Folge zu einer immer größer werdenden Distanz aus. Ich fordere es also auf, zu mir zurückzukehren, wenn es noch nicht am Zaun angelangt, sondern noch bei mir und bei der Sache ist.

**Jedes Mal, wenn man ein Pferd geistig verunsichert zurücklässt, ist das Misshandlung**

Im Folgenden werden nun weitere Fälle geschildert, deren Ursache meist Unsicherheit ist: Diese Pferde reagieren auf meine Aufforderung, zu mir zu kommen, in unterschiedlicher Art.

:

### Das Pferd, das mit gesenktem Kopf im Schritt weiterläuft

Es gibt Pferde, die laufen mit gesenktem Kopf weiter, wenn ich sie einlade, zu mir zu kommen. Sie halten dabei den Kopf auffallend tief. Damit versuchen sie, die Aufforderung des Ausbilders zu ignorieren. Hinter diesem Verhalten steckt sehr viel Unsicherheit. Sie laufen und laufen – ganz langsam und immer weiter. Solange dieses Verhalten andauert und sie nicht versuchen, etwa das Gras am Zaun entlang zu fressen (dies würde bedeuten, dass sie nicht an einer Lösung mit mir arbeiten, und ich würde leichten Druck aufbauen, um sie weiterzuschicken), gebe ich ihnen Zeit, sich auf mich einzustellen. Manchmal hilft es, wenn ich in die Hocke gehe. Damit mache ich mich kleiner, um ihnen die Angst und Unsicherheit zu nehmen. Ich kann sie auch unterstützen, indem ich nicht genau in der Mitte stehen bleibe, sondern mich langsam auf einer Seite des Round-Pens nähere. Immer wenn das Pferd an mir vorbeigelaufen ist, gehe ich einen kleinen Schritt nach außen und warte, bis es bei der nächsten Runde wieder auf mich zukommt. Dieses Annähern hilft dem Pferd manchmal, mit mir Kontakt aufzunehmen, weil sich der Abstand langsam verkleinert. Wenn es stehen bleibt oder sich mehr für mich interessiert (mich anschaut), fordere ich es auf, zu mir zu kommen, indem ich zunächst rückwärts gehe.

Wenn das nicht funktioniert, kann ich versuchen, meine Position leicht zu verändern, etwa zur Schulter hin – damit bremse ich das Pferd aus und unterbreche seine Gedanken, immer weiterlaufen zu müssen. Meine Bewegungen sollten extrem ruhig ausgeführt werden, denn in diesen Pferden steckt sehr viel innere Unruhe.

Wenn das Pferd es dann geschafft hat, zu mir zu kommen, darf ich keinesfalls zu viel von ihm verlangen, innere Unruhe und Nervosität kann ein Pferd am besten durch Laufen verarbeiten. Deshalb werde ich es kurz streicheln und im Anschluss sehr bald dazu einladen, mit mir zu laufen.

Ich stehe seitlich und streichele Hals und Kopf des Pferdes (Pferde mit ausgeprägter innerer Unruhe lassen sich nicht gern im Gesicht berühren), dann laufe ich in einem Winkel von circa 90 Grad los, zunächst in Schlangenlinien mit dem Pferd gemeinsam. Immer wieder wird es gestreichelt, wobei ich versuche, kurze Stopps einzubauen. Bevor das Pferd jedoch denkt, es muss nur deshalb wieder laufen, weil es noch zu unruhig ist, um stehen zu bleiben, muss ich mich erneut in Bewegung setzen. Auf diese Weise sieht das Pferd, dass es mir vertrauen kann, weil ich nicht mehr von ihm verlange, als es mir zu geben bereit ist. Auf der Basis dieses Vertrauens wird es die Ruhe finden, länger still stehen zu können.

**Wo es keine Gewalt und keinen Widerstand gibt, da gibt es auch keine Verletzung**

### Das Pferd, das nicht die Ruhe findet, bei mir stehen zu bleiben

Diese Pferde laufen immer wieder an mir vorbei, sie kommen zwar ganz nah heran, aber sie schaffen es nicht, bei mir stehen zu bleiben, sondern biegen vorher ab und kommen dann von der anderen Seite. Ihre Schritte bilden eine Acht, in deren Mitte ich mich aufhalte. Ich versuche, das vorbeilaufende Pferd zu berühren. Durch Streicheln findet es oft Ruhe und verlangsamt dadurch sein Tempo. Wenn das nicht funktioniert, lege ich meine Hand auf den Hals und laufe auf Höhe des Kopfes mit.

Ein Pferd mit derart ausgeprägter Unruhe, dass es nicht stehen bleiben kann, unterstütze ich, indem ich mitlaufe und dabei eine Hand am Hals auflege. Dies schafft eine Verbindung und kann ihm helfen, zur Ruhe zu kommen.

Dabei bemühe ich mich, die Richtung zu bestimmen, indem ich mal nach links und mal nach rechts abbiege, wobei ich aber darauf achte, dass ich keine scharfen Kurven laufe, denn dabei würde ich den Kontakt zum Pferd zu leicht verlieren. Das Pferd macht das Tempo, ich bestimme lediglich die Richtung. Ich laufe in Schlangenlinien, um das Tempo zu drosseln. Irgendwann bilde ich kleine Kreise, so dass das Pferd immer langsamer wird und schließlich stehen bleibt.
Habe ich das Gefühl, das Pferd wird nach drei Sekunden loslaufen, so muss ich mich bereits nach zwei Sekunden mit ihm in Bewegung setzen, damit es nicht meint, ich überfordere es. Vertraut es mir – und wird dadurch auch ruhiger –, kann ich die Stillsteh-Phasen ausdehnen.

### Das Pferd, das am Zaun stehen bleibt

Diese Pferde sind oft longiert worden. Beim Longieren muss das Pferd draußen stehen bleiben und warten, bis der Longierer zu ihm kommt. Ein Pferd, dem dies beigebracht wurde, kann sich mitunter schwertun, hier umzulernen. Es traut sich zunächst einmal nicht, zu mir zu kommen, wenn ich in der Mitte des Platzes stehe. Unser Ziel ist es jedoch, dem Pferd zu zeigen, dass hier bei uns der „beste Platz auf der Welt" ist. Wenn es bei uns ist, bedeutet das Ruhe, Pause und Streicheleinheiten, und das Pferd soll lernen, diese Nähe mit Wohlfühlen zu verbinden. Weil ein ehemals longiertes Pferd dies nicht kennt, traut es uns nicht und bleibt daher einfach parallel am Zaun stehen.
In diesem Fall versuche ich das Pferd erst einmal dazu zu bewegen, dass es seinen Kopf mir zuwendet. Dieses Zeichen ist so gut wie der erste Schritt! Es gibt sehr viele Möglichkeiten, wie ich diese Sache angehen kann, also bedarf es des Einfüh-

**1** Scout steht parallel zum Zaun und schaut geradeaus. Hier könnte es bereits helfen, wenn ich auf Höhe des Kopfes einen Schritt zurückgehe, um ihn dazu zu bringen, wenigstens seinen Kopf zu mir zu drehen.

**2** Tut es das nicht, dann laufe ich auf das Pferd zu. Allerdings nur, solange es seinen Kopf nicht von mir wegdreht. Schaut es geradeaus, ist das anfangs noch in Ordnung, solange es den Kopf nicht über die Mittellinie abdreht (siehe auch Kapitel „Erste Annäherung").

**3** Ich könnte zum Beispiel auch versuchen, mit dem Fähnchen die Aufmerksamkeit zu bekommen, indem ich leicht damit winke, während ich in der Mitte stehe. Für manche Pferde könnte allerdings das Fähnchen hier schon zu viel sein und sie dazu bewegen, wieder mit übertriebener Energie loszulaufen. In diesem Fall muss ich das Fähnchen erst einmal weglassen.

**4** Nun arbeite ich mit den Körperpositionen und kann mit ein wenig Druck (schnalzen oder die Hand, die zur Hinterhand deutet, hochnehmen) einen Schritt auf die Hinterhand zugehen.

**5** Sobald sich das Pferd dann wieder in Bewegung setzt, gehe ich rückwärts. Mein Schritt auf die Hinterhand bedeutet also: „Setz dich in Bewegung, irgendwie!" Sobald sich die Beine dann allmählich bewegen, sagt ihm mein Rückwärtsgehen: „Hier in diese Richtung, bitte!"

lungsvermögens des Ausbilders, herauszufinden, welche dem jeweiligen Pferd am besten hilft.

Wenn ich mich dem Pferd genähert habe, ohne dass es einen Schritt auf mich zugekommen ist, werde ich es natürlich zunächst streicheln und trotzdem loben, da es sich zumindest nicht von mir entfernt. Nachdem ich es ausführlich gestreichelt habe, werde ich daran arbeiten, dass es mir anschließend hinterherläuft. Ich stelle mir vor, zwischen meiner Schulter und seinem Kopf sei ein Gummiband befestigt. Wenn ich mich umdrehe, laufe ich circa 90 Grad von der Schulter weg, um das Pferd mit mir mitzuziehen. Dabei ist darauf zu achten, dass ich nicht zu weit nach hinten abschweife. Nähere ich mich zu sehr der Hinterhand, könnte das Pferd dies als Aufforderung verstehen, loszulaufen.

Wenn dies funktioniert, fange ich an zu laufen. Ich laufe immer wieder nah am Pferdekopf vorbei. Mit der Schulter versuche ich, das Pferd mitzuziehen. Ich gehe in Schlangenlinien und laufe immer wieder vor dem Pferd, bis es einen Schritt in meine Richtung macht. Selbst wenn es nur der Kopf ist, der mir anfangs nachschaut, bleibt Loben und Motivieren gefragt. Damit sage ich dem Pferd, dass es auf dem richtigen Weg ist. Zusätzlich ist es hilfreich, wenn ich auf Höhe des Kopfes mit der Zunge schnalze. Irgendwann kommt dann mit Sicherheit der erste richtige Schritt. Wesentlich ist hier meine Ausstrahlung, in meiner Bewegung und meiner Gestik muss Sicherheit liegen, ich muss davon überzeugt sein, dass es klappt und

das Pferd mir jede Sekunde folgen wird. Pferde sind sowohl Fluchttiere als auch Herdentiere, sie passen sich dem stärkeren Pferd an, weil ihnen das Sicherheit gibt. Wenn wir also an unserem Vorhaben zweifeln, spürt auch das Pferd diese mangelnde Überzeugung.
Ich muss also eine Sicherheit ausstrahlen und dadurch dem Pferd klarmachen, dass ich das Leittier bin. Meine Botschaft lautet: Ich bin mir meiner Sache absolut sicher. Du kannst dich auf mich verlassen.

**Wie bei der Kindererziehung**
Wenn wir uns auf Dinge, die das Pferd falsch gemacht hat, konzentrieren, legen wir darauf großen Wert. Diesen Schwerpunkt wird auch das Pferd bald erkennen und übernehmen. In manchen Fällen ist es allerdings besser, Dinge zu ignorieren, lieber etwas anderes zu machen. In dem Moment, wo es für uns nicht mehr wichtig ist, verliert es auch für das Pferd an Bedeutung. Bei einer anderen Gelegenheit kann man dann dazu übergehen, den Fehler zu beseitigen, indem man es gar nicht so weit kommen lässt, sondern sich schon vorher eine Korrekturmöglichkeit überlegt. Versucht ein Pferd beispielsweise beim Geführtwerden hin und wieder zu fressen und zieht dabei den Führer zum gewünschten Grashalm hin, hat es wenig Sinn, das Pferd dafür zu strafen, da es ja die Belohnung, in diesem Fall den Grashalm, schon bekommen hat – das Pferd würde also eine eventuelle Bestrafung gar nicht verstehen. Besser ist es, wenn man das Pferd mit verschiedenen kleinen Übungen abzulenken versucht, bevor seine Gedanken überhaupt in Richtung Grasbüschel schweifen. So kann man beim Führen das Anhalten, Rückwärtsgehen, Loslaufen üben, um die Gedanken des Pferdes so sehr zu beschäftigen, dass es an Fressen gar nicht denkt. Wichtig ist jedoch einmal mehr, dass wir vor lauter Ablenken das Loben nicht vergessen.

# *Manja und Sandra*

*Als ich Manja vor dreieinhalb Jahren kaufte, wurde ich ihre bereits vierte Besitzerin. Vorher lebte sie bei einer kinderreichen Familie, die außer Manja eine weitere Fjordstute besaßen, die sie hinter dem Haus in einem sehr provisorischen Offenstall (Bretterverschlag) hielten. Manja kam trächtig zu ihnen, und als ich sie kaufte, erfolgte die Trennung von ihrem Jährlingsfohlen Harlekin. Die Familie hat Manja unter Tränen abgegeben, und sie schien sich sehr wohl dort zu fühlen, wurde kaum geritten und nach Strich und Faden verwöhnt. Die Tochter kam mit Manja nicht zurecht, wurde abgeworfen, und die Mutter konnte wegen eines Bandscheibenvorfalls nicht mehr reiten. Sie versuchten Manja einzufahren, was gänzlich fehlschlug. Das Pferd bekam Panik vor der Kutsche, und mir wurde ans Herz gelegt, sie nie wieder einzuspannen. Ich gehe davon aus, dass es zu einem Unfall kam. Manja lebte nur anderthalb Jahre bei dieser Familie.*

*Davor gehörte sie vier Jahre einem Mann, bei dem es ihr angeblich nicht so gut ging. Das ist alles, was ich über diese Zeit weiß. Davor, also die ersten vier Jahre ihres Lebens, lebte sie bei ihrer Züchterin, wo sie ihr erstes Fohlen zur Welt brachte und eingeritten wurde. Aus einem Telefonat mit der Frau erfuhr ich, dass Manja von deren Freund eingeritten wurde, einem 1,90 m großen Kerl. Da sie sich massiv gegen das Satteln wehrte, schwang er sich einfach auf die gerade dreijährige Stute und ritt los.*

*Die Züchterin räumte ehrlich ein, dass ihr Freund wohl recht unsensibel mit Manja umgegangen war und sie mehrfach völlig aufgeheizt und nass geschwitzt nach Hause brachte. Frei nach dem Motto: Das Pferd bestimmt das Tempo – er die Richtung. Die Dame wollte angeblich ihren Freund zurückhalten, erzählte aber im gleichen Atemzug ganz stolz, dass Manja als Vierjährige schon schneller war als jeder ihrer Hengste und sie damals überlegten, ob sie sie für Ponyrennen einsetzen sollten. Von Nervosität oder Unruhe hätte sie aber nichts bemerkt, Manja wäre schon als Fohlen bei Fuß als Pausenclown bei Westernturnieren aufgetreten.*

*Als Manja zu mir kam, strotzte sie vor Übermut, war sehr dominant und zeigte alle Facetten eines echten Ponycharakters, d. h., sie ging beim Führen stets voraus, versuchte ausgesprochen aufdringlich sämtliche Jackentaschen zu durchstöbern, blieb beim Putzen nicht ruhig stehen, drückte mich dabei zur Seite, zwickte, wenn ich sie am Bauch berührte etc.*

*Beim Reiten stellte sich schnell heraus, dass Manja total unter Stress stand. Konnte sie anfänglich noch ruhig im Schritt gehen, steigerte sich während des Reitens kontinuierlich ihre Unruhe, so dass Manja nur noch in angespannter Haltung trabte, stocksteif, den Kopf in maximaler Höhe und kaum Reaktion auf irgendwelche Hilfen zeigte (sie äußerte dies durch Buckeln oder Bocken). Sie war wie ein angespannter Bogen, der jeden Moment losschnalzen konnte. Zu Anfang dachte ich, Manja sei stur und dickköpfig und ich müsste sie irgendwie zu Ruhe und Gehorsam bringen. Mir kam es so vor, als sei es für sie schrecklich, von mir geritten zu werden, und sie würde dies höchstenfalls dulden. Nach einigen tränenreichen Szenen mit Wutausbrüchen und den nachfolgenden Schuldgefühlen wurde mir (nach circa einem Jahr) bewusst, dass ich Hilfe brauchte, und kam über eine Empfehlung zu Simone.*

*Hoffnungsvoll reiste ich zu einem Kurs an und hoffte auf eine Möglichkeit, endlich mit meinem dickköpfigen Pferd zurechtzukommen.*

*Die erste Lektion machte mir klar, dass Manja gar nicht stur, sondern unglaublich sensibel und intelligent ist. Sie hat einfach nie gelernt, sich vertrauensvoll in die Hände eines Reiters zu begeben, und musste deshalb notgedrungen die Führung übernehmen und in schwierigen Situationen (z.B. beim Gerittenwerden) selbst Entscheidungen treffen.*

*Während des Kurses wurde ihre immense Anspannung, angestaute Angst und Unterdrückung sichtbar, d.h., sie zeigte im Round-Pen panikartige Fluchtversuche und unterstrich dies mit zahllosen Schimpfgesten (buckeln, quietschen, keilen, grunzen).*

*Das Erstaunliche war, dass sich dieses Verhalten bereits im Verlauf des Kurses extrem verbesserte, so dass alle anderen Kursteilnehmer am zweiten Tag einhellig feststellten, man würde mein Pferd kaum wiedererkennen. Ich lernte, dass ich Manja unbedingt den immensen Druck nehmen musste und ihre Nervosität nicht als Ungehorsam werten durfte. Vor allem sollte ich nicht versuchen, diese Anspannung zu unterdrücken, sondern ich musste ihr helfen, darüber hinwegzukommen. Es war also besser, Manja nicht in den Schritt zu zwingen, wenn sie trabte, da sie die Bewegung brauchte, um ihre Nervosität abzubauen, oder sie nicht durch verstärkten Druck anzugaloppieren, sondern von sich aus einfach mal vom Trab in den Galopp hineinlaufen zu lassen.*

*Mit viel Information und Anleitung zu Übungen, um Manjas verspannten Muskelapparat zu lockern und zu dehnen, fuhr ich nach Hause. Jetzt wollte ich nicht nur, dass mein Pferd lernte, mir zu vertrauen und in sich selbst zu ruhen, jetzt war mir auch klar, dass es gymnastiziert werden musste. Nun hatte ich bereits zwei Ziele: Manja die Unruhe zu nehmen und durch Gelassenheit zu ersetzen und sie zu biegen, zu dehnen und zu lockern, damit sie durch meine Reiterei keinen Schaden nimmt und bis ins hohe Alter gesund bleibt. Auch schwebte mir auf einmal eine feine Hilfengebung bis hin zur gebisslosen Zäumung vor. Ich war motiviert, hoffnungsvoll und voller Tatendrang. Manja lernte schnell, dass weniger Druck sich viel angenehmer anfühlte, und zeigte deutlich weniger Stresssymptome. Die ganze Lage entspannte sich, und ich war überzeugt, auf dem richtigen Weg zu sein. In dieser Zeit realisierte ich, dass es eben nicht nur auf das Können eines Reiters ankommt, wie das Pferd sich unter dem Sattel bewegt, sondern dass eine Vielzahl von Faktoren eine Rolle spielt. Unter anderem eben auch die richtige Passform des Sattels, das restliche Equipment, die Fütterung, die Biographie, die Psyche des Pferdes, der Körperbau etc.*

*Nachdem ich im zweiten Kurs und einem weiteren Vertiefungslehrgang die Erfahrung gemacht habe, dass mein Pferd nun völlig ruhig (beinahe gelangweilt) durch das Round-Pen marschieren konnte, aber immer noch nervös und unruhig reagierte, wenn etwas Neues oder Aufregendes passierte, wurde mir klar, dass man bestimmte Ziele nicht in einer gewissen Zeit erreichen kann, da mein Pferd eine ganz andere Motivation besitzt als ich. Es reicht eben nicht, einfach nur den Druck zu nehmen, das richtige Maß ist entscheidend. Ich erkannte außerdem, dass ich Manja immer gleich behandelte, also stets das vermeintlich nervöse Pferd trainierte, auch wenn es gar nicht aufgeregt war. Manja hat sich zwar durch die Arbeit mit mir, indem ich das im Kurs Gelernte zu Hause fortführte, weiterentwickelt, aber ich blieb immer noch auf dem gleichen Stand. Ich musste mir angewöhnen, genau auf das einzugehen, was im Moment für Manja wichtig war. Richtig weitergebracht haben mich Einzelstunden, die ich nach den Kursen genommen habe, um zu reflektieren und zu vertiefen. Auch Gespräche mit Simone und ihren Teammitgliedern haben mir sehr geholfen. Dadurch ist mir bewusst geworden, dass ich beim Reiten bzw. im Zusammensein genauso wenig die komplette Führung und Verantwortung übernehmen muss wie mein Pferd, ich ebenso wenig Schuld trage wie Manja. Die Beziehung zwischen Mensch und Pferd basiert auf Respekt und Vertrauen, und erst daraus kann eine echte Partnerschaft wachsen. Dies braucht Zeit, Geduld, Verständnis und eine hohe Frustrationstoleranz. Der Weg mit einem Pferd ist auch ein Weg zu sich selbst, und wer bereit ist zu einer Veränderung bei sich, kann auch etwas anderes bewegen. Ich glaube immer noch, auf dem richtigen Weg zu sein, auch meine Ziele bestehen weiterhin. Nur gebe ich Manja und mir ausreichend Zeit, um zu lernen und zu wachsen, und ich freue mich auf die gemeinsame Zeit mit meinem Pferd. Es tut einfach nur gut zu wissen, dass es jemanden gibt, der uns hilft.*

*Danke! Eure Sandra.*

# 5 Aussacken

*Vertrauen und Sicherheit sind erlernbar. Das Aussacken dient dazu, dem Fluchttier Pferd beizubringen, dass es mit seiner Angst anders umzugehen versteht, als instinktiv zu flüchten. Aussacken stärkt sein Selbstbewusstsein, weil es merkt, dass es in scheinbar furchterregenden Situationen einfach stehen bleiben kann. Außerdem wird das Vertrauen zum Menschen aufgebaut, wenn das Pferd erkennt, dass selbst zunächst gefährlich erscheinende Situationen völlig harmlos sind.*

# Gesichts- und Hörfeld des Pferdes

Verglichen mit uns Menschen haben Pferde seitlich einen weitaus größeren Blickwinkel. Das hat sich im Laufe der Evolution ergeben, denn als Fluchttiere und Steppenbewohner waren sie darauf angewiesen, Gefahren rechtzeitig wahrzunehmen. Aber alles können sie selbstverständlich auch nicht überblicken.
Es gibt den sogenannten toten Winkel, den ein Pferd nicht einsehen kann, ohne seinen Kopf zu wenden. Er befindet sich um den hinteren Körperteil, aber auch unmittelbar vor sich, also sehr nahe am Kopf. In diesem Fall kann das Pferd nur etwas sehen, indem es seinen Kopf in die Richtung dreht.
Pferde sehen anders als wir Menschen, man bezeichnet sie als „monokuläre Seher". Das bedeutet, dass jedes Auge einen separaten großen Teil des Gesamtsichtfeldes aufnimmt. Dies ist durch die Stellung der Augen möglich, die sehr weit auseinanderstehen. Ein binokuläres Sehen, bei dem beide Augen das Gleiche wahrnehmen, ist nur in einem sehr begrenzten Bereich für das Pferd möglich (siehe auch Zeichnung unten).
Diese Sehweise bringt es mit sich, dass das Pferd einen Großteil seiner Umgebung gleichzeitig überwacht, ohne dabei das Grasen unterbrechen zu müssen. Um ein bestimmtes Objekt fokussieren zu können, muss es aber seinen Kopf bewegen. Aus diesem Grund laufen Pferde häufig in leichten Schlangenlinien und nicht kerzengerade, da sie durch das leichte Drehen des Kopfes besser den Bereich unmittelbar davor einsehen können.
Ein sensibles Pferd könnte es deshalb verunsichern, wenn wir Menschen schnurgerade auf es zumarschieren. Daher ist es von Vorteil, wenn auch wir in ganz leichten Bögen laufen.
Oft kann man Pferde beobachten, die erschrecken und sich dann hastig zu dem Objekt des Erschreckens hinwenden. Dies tun sie lediglich, um dieses besser mit beiden Augen fokussieren und verarbeiten zu können.

Gelb: Nur jeweils ein Auge sieht. Rot: Beide Augen sehen. Weiß: der tote Winkel.

Das Gehör des Pferdes ist neben dem Sehen eines der wichtigsten Sinne, denn was das Pferd nicht sehen kann, vermag es oft schon lange vorher zu hören. Die Ohren sind in der Lage, sich fast wie ein Radar zu drehen, um Geräusche besser aufnehmen zu können. So kann ein Pferd seine Ohren nach hinten stellen, um zu lauschen, was hinter ihm passiert. Dies wird manchmal vom Laien als bedrohliches Ohrenanlegen missverstanden.

### Einwirkungszonen

Es gibt unterschiedliche Einwirkungszonen, die das ganze Pferd umgeben. Je nachdem, in welcher Zone ein Druck entsteht, wirkt sich das anders auf das Tier aus (siehe Bild).
Zudem ist jedes Pferd unterschiedlich einzuschätzen, ein Wildpferd etwa hat wesentlich ausgeprägtere Sinne als ein domestiziertes Pferd mit viel Menschenkontakt.
Man unterscheidet grob drei Zonen. Als Wahrnehmungszone oder auch Bewusstseinszone bezeichnet man den Bereich, in dem ein Pferd Dinge wahrnimmt, aber nicht unmittelbar darauf reagiert. Das Gefühl wird lediglich im Gedächtnis abgespeichert. So kann also beim Wildpferd diese Zone über Kilometer ausgeprägt sein, wohingegen sie beim domestizierten Pferd nur einige Meter umfasst.
Die nächste Zone bezeichnet man als Einflusszone oder auch Entscheidungszone. Einflüsse in diesem Bereich erfordern eine Entscheidung des Pferdes darüber, wie es darauf reagieren sollte. Dies richtet sich wiederum danach, welche Stimmung von der Einwirkung in die Zone ausgeht. In der Bodenarbeit bewegen wir uns in

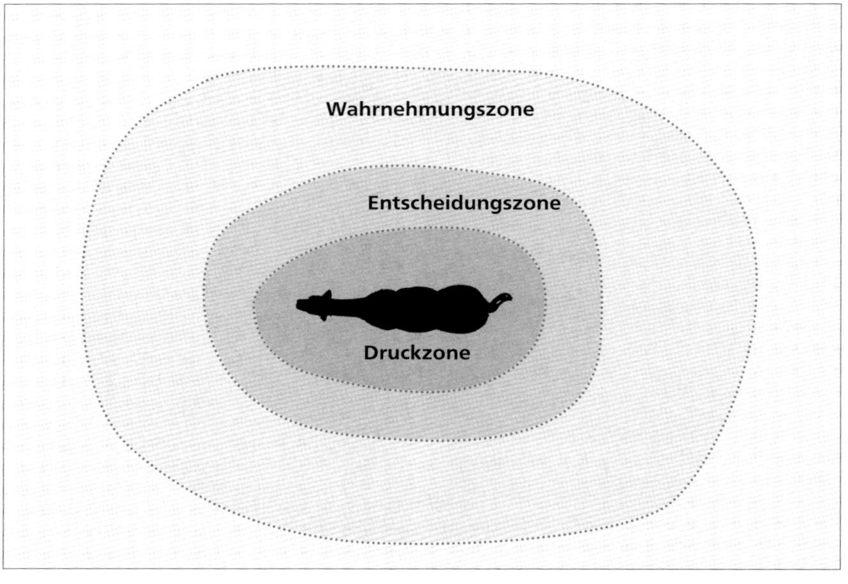

dieser Zone, um das Pferd zu einer Reaktion wie zum Beispiel Vorwärtslaufen beim Wegsenden aufzufordern.
Die letzte Zone ist die Druckzone, die jedoch bei unseren ausgewachsenen Pferden nicht mehr allzu stark ausgeprägt ist. Hierbei kommt der Überlebensinstinkt des Pferdes, gegen den Druck zu gehen, ins Spiel. Gerade bei Fohlen kann man beobachten, dass sie sich gegenlehnen, wenn man versucht, sie sanft wegzuschieben.

**Was bedeutet dieser Instinkt?**

Pferde, die nie gelernt haben, vor dem Druck, den wir beim Berühren aufbauen, auszuweichen, lehnen sich dagegen. Dies ist ein instinktives Verhalten, das für ein Wildpferd mitunter lebensrettend sein kann. Ein Pferd, das die Krallen eines Angreifers in der Flanke spürt, ist besser dran, wenn es nicht mehr flieht, sondern sich nun gegen den Angreifer zur Wehr setzt. Damit kann es eventuell verhindern, dass weitere Wunden aufgerissen werden.
Wenn wir nun ein Pferd ausbilden mit der Absicht, dass es auf jegliche Form von Druck sensibel weichen soll, müssen wir berücksichtigen, dass das eine oder andere Pferd stark oder weniger stark von diesen Urinstinkten gelenkt wird.

**Zusätzliche lebensrettende Sinne**

Pferde sind in der Lage, Stimmungen zu spüren – genau wie Gnus die Absicht der Löwen erkennen können und es vorkommen kann, dass eine Herde in nächster Nähe eines Löwenrudels grast, ohne dass davon Gefahr ausgeht. Die Gnus können die Löwen „lesen", indem sie die Pulsfrequenz der Löwen spüren, aber auch anhand von Adrenalin, Körpertemperatur und körperlichen Gebärden einzuschätzen vermögen. Sie können bei den Löwen außerdem am Gesichtsausdruck und der Art und Weise, wie sie sich bewegen, erkennen, ob diese satt oder hungrig sind.
Ähnlich verhält es sich mit den Pferden. Würde die Herde immer erst warten, bis ein Raubtier heranspringt, und dann die Flucht ergreifen, würde es unter den Pferden viel mehr Opfer geben.
Diese Fähigkeit beeinflusst auch die Arbeit mit uns Menschen. Es hat keinen Sinn, einem Pferd vormachen zu wollen, dass man vor ihm keine Angst hat, obwohl dies gar nicht stimmt. Pferde können Angst beim Menschen regelrecht scannen. Anhand von Schweißausdünstungen, Pulsfrequenz und unseren Gesten sind wir für das Pferd wie ein offenes Buch.
Dies ist jedoch keine beängstigende Eigenschaft. Pferde werden gerade deshalb oft für therapeutische Zwecke eingesetzt, weil sie uns Menschen diese Schwächen nicht übel nehmen und uns sogar darüber hinweghelfen können. Was Pferde allerdings gar nicht mögen, wenn Menschen nicht offen sind, also versuchen, etwas vorzuspielen. Dieses Verhalten irritiert Pferde, wenn das offengelegte Verhalten eines Menschen anders ist als das, was tief in ihm verborgen liegt. Vorgetäuschtes Verhalten macht aus der Sicht des Pferdes einfach keinen Sinn.

# Aussacken mit verschiedenen Gegenständen

Als der Westen noch wild war, kam es häufig vor, dass man ein rohes Pferd an einem dicken Pfahl festband und es mit einem alten Sack so lange am ganzen Körper abschlug, bis es keinerlei Regung mehr zeigte. Man verfolgte damit die Absicht, das Pferd um jeden Preis gefügig zu machen und abzuhärten. Damit es in der Folge vor nichts mehr Angst haben sollte, wurde das Pferd oft in panische Furcht versetzt, bis es mitunter auch schweißgebadet und in der Seele gebrochen war.
Leider ist diese Methode noch immer nicht ganz ausgestorben und wird in manchen Gegenden durchaus noch praktiziert. Da es damals mit einem alten Sack durchgeführt wurde, nennt man es auch heute noch „Aussacken" vom englischen „Sacking out". Allerdings hat sich bei uns die Art und Weise inzwischen stark geändert. Aus dieser brutalen und absolut unnötigen Methode hat sich glücklicherweise ein sehr pferdegerechtes und in der Ausbildung äußerst bedeutendes Vorgehen entwickelt.

**Es ist besser, einem Pferd über die Angst hinwegzuhelfen, als angsteinflößende Dinge von ihm fernzuhalten**

Natürlich ist das Pferd ein Fluchttier, und je nachdem, wie stark dieser Urinstinkt in dem jeweiligen Pferd verankert ist, tritt dieser Fluchtreflex bei drohender Gefahr, sei diese nun aus unserer Sicht begründet oder unbegründet, stärker oder weniger stark auf. Angst und Flucht bildeten die Grundvoraussetzungen, die das Pferd in Urzeiten am Leben erhielten. Dies sollten wir uns immer vor Augen halten, wenn wir mit einem Pferd arbeiten.

### Aussacken bildet Vertrauen

Das Ziel des Aussackens heute bei uns besteht darin, das Pferd in seinem Selbstbewusstsein zu stärken und das Vertrauen zu uns zu vertiefen. Das Ergebnis sind ausgeglichene, in sich ruhende, zuverlässige Pferde, die nur schwer aus der Ruhe zu bringen sind. Indem wir dem Pferd beibringen, mit seiner Angst anders als mit Flucht umzugehen, verhelfen wir ihm zu einem stressfreieren Leben.
Es ist zwar unmöglich, das Pferd beim Aussacken mit allem zu konfrontieren, was ihm im Leben begegnen könnte, aber es ist eine gute Lehre, ihm zu zeigen, sich mit seiner Angst gelassener auseinanderzusetzen. Das Aussacken ist eine gute Vorbereitung fürs Einreiten und letztendlich für einen sicheren Ausritt im Gelände. Je

**! Wichtig ist: Wir werden das Pferd hierbei niemals anbinden, seine Gefühle sind uns wichtig, und es darf uns immer zeigen, wenn wir zu weit gehen. Dies tut es, indem es sich von uns entfernt.**

mehr also das Pferd zu tolerieren lernt, umso sicherer wird es als Reitpferd sein. Nehmen wir an, dass durch einen plötzlichen Windstoß eine Plastiktüte auf uns zuweht oder ein plötzlicher Regen einsetzt und der Regenumhang uns um die Ohren flattert. Durch einen Sturm kann ein Ast zu Boden krachen, ein großer Vogel fliegt plötzlich auf usw. Egal, was passiert, das Pferd soll „cool" bleiben. Es muss lernen, sich mit seiner Angst auseinanderzusetzen, nur so merkt es, dass das meiste gar nicht gefährlich ist. Dies führt letztendlich dazu, dass es mit der Zeit gelassener und selbstbewusster wird.

**Wie wird das Aussacken durchgeführt?**
Voraussetzung beim Aussacken ist eine bereits funktionierende Grundkommunikation im Round-Pen. Je besser die Übungen von Kapitel 3 klappen, umso leichter wird das Aussacken.
Für das Aussacken entscheidend ist es, mit allen Objekten, die ich dem Pferd präsentiere, klein anzufangen und anfangs mit sehr ruhigen, langsamen Bewegungen das Pferd damit zu berühren. Im Verlauf dieser Übung möchte ich es mit vielen verschiedenen Dingen am ganzen Körper berühren können, ohne dadurch Stress auszulösen. Wichtig ist hierbei, dass das Pferd das Tempo meines Vorgehens bestimmt. Es darf nicht angebunden oder festgehalten werden. Nur so kann es mir zeigen, wann ich zu schnell oder zu weit gegangen bin, indem es sich von mir entfernt.
Mit welchem Objekt ich beginne, richtet sich ganz nach dem Pferd, meist ist es jedoch ein zusammengerolltes Lasso. Hiermit laufe ich auf die Schulter des Pferdes zu. Bei einem sehr ängstlichen Pferd empfehle ich, es zuerst nur mit den Händen an der Schulter zu berühren. Ich kann auch als Vorbereitung auf das Lasso einen kurzen Strick zusammenrollen, der erst ganz klein und dann immer größer erscheint. Währenddessen lasse ich das Pferd nicht aus den Augen, um zu sehen, wie weit ich tatsächlich gehen kann.

**Man kann das Pferd gar nicht genug auf die Dinge, die ihm Angst machen könnten, vorbereiten**

**Wann gehe ich zu weit?**
Der Kopf des Pferdes ist sein Stimmungsbarometer, ist er gesenkt, fühlt sich das Pferd entspannt, hebt er sich mehr und mehr, so entsteht Anspannung im Körper. Ein Pferd, das allerdings den Kopf bis zum Boden absenkt, steckt ihn buchstäblich in den Sand. Es zeigt damit, dass ihm der ganze Vorgang unangenehm ist und es lieber auf Tauchstation geht. Eine Kopfhaltung mit einem waagrechten Hals als Verlängerung des Rückens ist eher erstrebenswert. Auf die Gesichtszüge und die Stellung der Ohren muss hierbei immer geachtet werden, damit man die kleinen Anzeichen sehen und aufhören kann, bevor es dem Pferd zu viel wird.
Um das Pferd zu desensibilisieren und ihm beizubringen, mit der Angst besser umzugehen, ist es wichtig, dass man sich auch einmal an der Toleranzgrenze bewegt. Nur dann kann man ihm wirklich beibringen, mehr auszuhalten.

**1** Manches Pferd möchte ein Objekt zunächst erkunden. Man sollte es daher daran schnuppern lassen, bevor man mit dem Aussacken beginnt.

**2** Die Schulter ist die soziale Stelle des Pferdes, wo es besonders viel ertragen kann. Deshalb fange ich beim Aussacken mit jedem neuen Gegenstand immer an der Schulter an, taste mich langsam vor, um herauszufinden, wie weit das Pferd es toleriert.

**3** Man muss das Pferd überall, z.B. an und zwischen den Beinen sowie am Bauch, mit jedem Objekt berühren können. Es kann sein, dass es beim Reiten auf einen Ast tritt, der hochschnellt oder sich im Schweif verfängt un mitgeschleift wird. In einer solchen Situation darf mein Pferd nicht in Panik geraten.

### Kleine Schritte führen zum Ziel

Beim Aussacken ist es wichtig, dass man das Pferd am Objekt schnuppern lässt, falls es das möchte – dies zeigt es uns, wenn es den Kopf in unsere Richtung dreht. Während ich das Objekt nun an der Schulter auf und ab reibe (zwei bis drei Mal), beobachte ich die Reaktion des Pferdes. Bleibt es ruhig und gelassen, so sagt es mir damit, dass es in Ordnung ist, was ich tue. Dann lobe ich es, gehe weg und gebe ihm eine Pause.

Die kurze Pause signalisiert dem Pferd: „Das war alles, was ich von dir gewollt habe, das hast du gut gemacht. Du konntest ruhig stehen bleiben, und dieses furchterregende Ding hat sich wieder entfernt." Pause bedeutet nicht ein minutenlanges Abwarten, sondern ich laufe circa fünf bis zehn Schritte weg, dann drehe ich mich um und komme zu meinem Pferd zurück. Es gibt ihm die Zuversicht, dass ich nicht mehr von ihm verlange, als es ertragen kann. Entscheidend ist, dass ich mich wirklich umdrehe und weglaufe, ohne eine Erwartungshaltung dem Pferd gegenüber zu haben. Sollte das Pferd hinter mir herlaufen, sobald ich mich abwende, um ihm eine Pause zu geben, ist dies eine wünschenswerte Haltung, ansonsten wäre es ratsam, das Pferd gelegentlich dazu aufzufordern. Läuft es von sich aus nach, zeigt es damit ganz deutlich, dass ich nicht zu weit gegangen bin und es durchaus mehr vertragen kann.

Wichtig ist jedoch auch, dass das Pferd nicht bei der ganzen Aussackübung stehen bleibt und sozusagen festeist. Hierzu im Abschnitt „Aussacken in Bewegung" mehr.

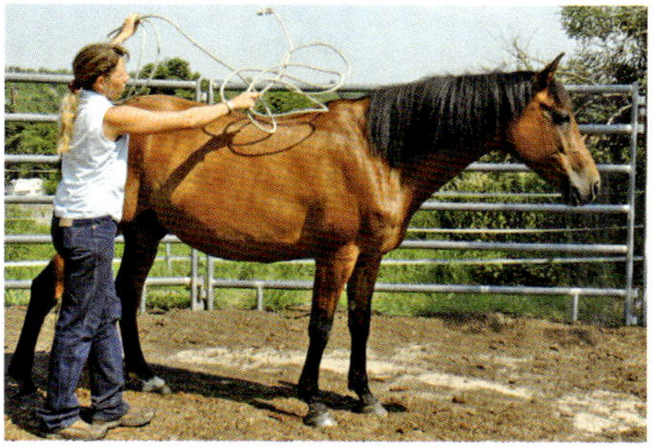

**4** Auch der Kopf sollte mit einbezogen werden.

**5** Wenn das Pferd alles ruhig über sich ergehen lässt, vergrößert man das Lasso oder ein anderes Objekt, das man gerade zur Hand hat, und auch die Energie nimmt zu. Wir wollen das Pferd schließlich abhärten. Deshalb soll man sich auch mit viel Schwung an die Sache heranwagen. Natürlich geht man bei allem schrittweise vor und immer nur so weit, wie es das Pferd ertragen kann.

Wenn das Pferd den Kopf wegdreht, sucht es einen Ausweg. Das bedeutet Unsicherheit, es bereitet die Flucht vor. Wenn ein Pferd sich nur ein klein wenig unsicher fühlt, hilft es oft bereits, ihm die freie Hand beruhigend am Hals aufzulegen, während man es mit der anderen Hand mit dem Objekt abreibt. Diese Geste gibt ihm Halt und Unterstützung. Später sollte es dann auch ohne Zuhilfenahme der Hand funktionieren.

Hebt das Pferd den Kopf und spannt sich an, dann bewege ich mich an besagter Toleranzgrenze. An diesem Punkt sollte man auf keinen Fall steigern, sondern das Pferd streicheln und ihm durch mein Weglaufen eine Pause geben.

Flucht ist die natürliche Reaktion bei Pferden. Es gibt aber auch Tiere, die, wenn sie in Panik geraten, stehen bleiben. Sie lassen alles über sich ergehen, fressen alles in sich hinein. Ihre Muskeln sind angespannt, sie machen keine Bewegung mehr. Wenn dann irgendetwas das Fass buchstäblich zum Überlaufen bringt, explodieren sie regelrecht. Deshalb ist es ratsam, immer wieder durch Bewegung Anspannung abzubauen.

Sobald das Pferd sich entspannt, wenn ich es mit meinem Objekt an der Schulter berühre, kann ich damit den Rücken entlang nach hinten gehen. Nach einer Pause, am Hals entlang nach vorne, Zentimeter für Zentimeter, arbeite ich mich mit jedem Gegenstand aufs Neue am Pferd entlang, bis ich es überall damit berühren kann.

**! Wichtig: Das Pferd zwischen den Übungen laufen lassen – das entspannt!**

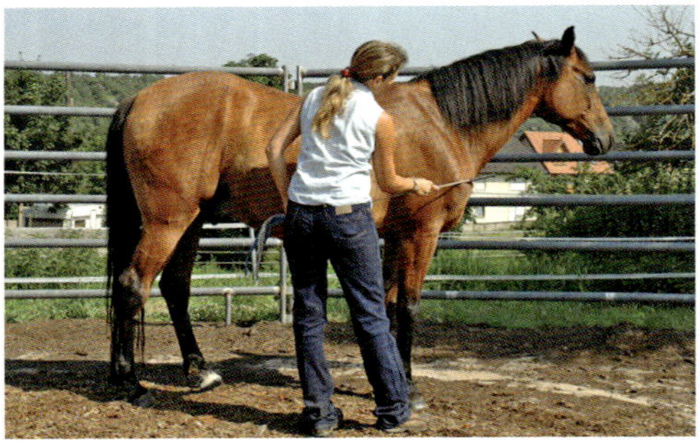

1 Steigerung des Lassos ist das Fähnchen, erst die Rückseite ohne Plastik ...

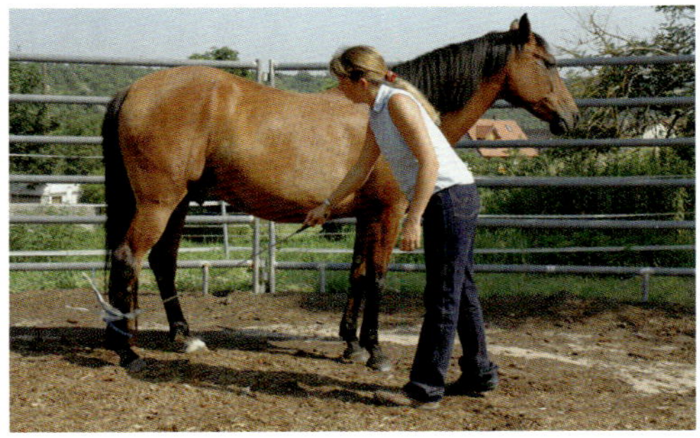

2 ... dann die Vorderseite, danach Plastiktüten.

3 Hier wird es Scout zu bunt. Er nimmt seinen Kopf hoch und will ausweichen.

4 Als „alter Hase" gewöhnt sich Scout schnell an das Geflatter des Fähnchens. Er entspannt sich.

### Steigerung, so weit es geht, macht Pferde sicher

Ist es für das Pferd kein Problem, sich mit dem jeweiligen Objekt – sei es nun Lasso, Handtuch, Plastiktüte, Müllsack oder sonstiges – überall berühren zu lassen, steigere ich meine Energie und werde in meinen Bewegungen etwas hektischer und schneller. Auf diese Weise kann ich das Pferd darauf vorbereiten, dass es in gewissen Situationen auch rasant und hektisch zugehen kann, ohne dass sie deshalb furchterregend sein müssen. Als Aussacken für Fortgeschrittene kann man schließlich einen Sonnenschirm heranziehen. Bevor man allerdings mit einem so wuchtigen Gegenstand beginnt, sollte man beispielsweise mit einem Regenschirm vorbereiten. Dieser ist wesentlich kleiner und vielleicht nicht ganz so angsteinflößend.

### Wenn das Pferd wegläuft

Solange es vorsichtig nur ein paar Schritte wegläuft, gehe ich mit, denn falls ich stehen bliebe, hätte das Pferd sein Ziel erreicht. Deshalb lege ich die freie Hand am Hals auf und folge ihm. Dabei versuche ich außerdem mit dem jeweiligen Objekt das Pferd zu berühren, bis es anhält. Sobald das Pferd stehen bleibt, lobe ich es und entferne mich. Auf diese Weise lernt das Pferd: Das Stehenbleiben ist die Lösung, nicht das Davonlaufen!

Flieht mein Pferd wirklich in einem Tempo vor mir, dass ich nicht mithalten kann, ist das für mich ein Zeichen, dass ich zu schnell, zu viel verlangt habe, ich habe die Gesten meines Pferdes nicht richtig gedeutet und bin zu weit gegangen. Um dies zu korrigieren, muss ich beim nächsten Annähern darauf achten, viel weniger zu verlangen, bis mir das Pferd wieder vertraut.

**Beidseitiges Aussacken**

Man sollte unbedingt darauf achten, dass beide Seiten einzeln ausgesackt werden müssen. Ein Pferd kann etwas Gelerntes auf seiner linken Seite ertragen, jedoch nicht automatisch auf die rechte Seite übertragen – und umgekehrt. Das liegt daran, dass der Informationsaustausch von einer Gehirnhälfte zur anderen wesentlich geringer ist als beim Menschen, es können nur rund 20 Prozent von einer Seite in die andere fließen.

Deshalb: Alles, was wir dem Pferd präsentieren, muss auf beiden Seiten geübt werden. Nach dem Seitenwechsel kann man auch einen Gegenstand über den Rücken gleiten lassen, was als wichtige Vorbereitung fürs Aufsatteln dient. Wenn ich meinen Sattel z. B. links auflege, erscheint plötzlich ein Teil davon auf der rechten Seite. Das Gleiche passiert, wenn ich aufsteige: Ich stehe auf der einen Seite und schwinge plötzlich mein Bein auf die andere. Das Pferd muss behutsam darauf vorbereitet werden.

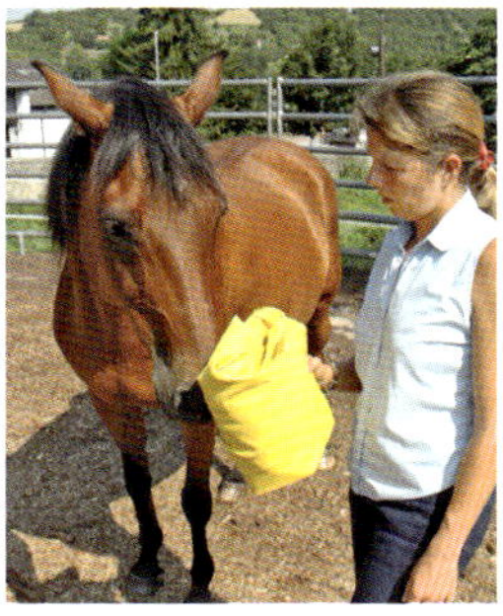

1 Ein neues Objekt: ein Regenponcho. Zuerst wieder zusammengefaltet beschnuppern lassen und anschließend langsam vergrößern. Auch meine Bewegungen sind anfangs zaghaft und werden dann immer schwungvoller.

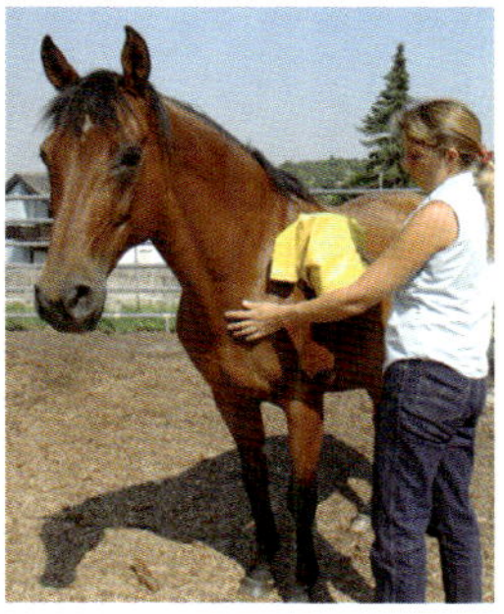

2 Wenn ein Pferd nur ein klein wenig unsicher ist, genügt es oft schon, ihm die freie Hand beruhigend aufzulegen.

### Ich muss das Pferd überall berühren können

Ein Pferd muss sich auch im Gesicht anfassen und sich ins Maul schauen lassen, denn irgendwann möchte ich ihm das Zaumzeug anlegen. Oder ich will seine Zähne überprüfen oder muss ihm ein Medikament verabreichen. Um dem Pferd ein Halfter überziehen zu können, sind seine Ohren zu berühren. Vielleicht hat das Pferd sich eine Verletzung am Ohr zugezogen, dann muss ich nachschauen und es behandeln können.

### Toten Winkel besonders beachten

Wie bereits erwähnt hat das Pferd um die Hinterhand herum einen toten Winkel, den es nicht überschauen kann. Wenn ich, ohne das Pferd zu berühren, von einer Seite auf die andere gehe, dreht das Pferd den Kopf, damit es mich wieder sehen kann. Junge und unsichere Pferde können damit ein großes Problem haben und sind anfangs kaum in der Lage, still zu stehen. Sie laufen entweder los, oder sie drehen sich sofort um, damit sie mich wieder anschauen können.

Den Wechsel des Auges muss ich üben, indem ich häufig hinten herum von einer Seite zur anderen laufe. Zunächst behalte ich meine Hand komplett am Pferd, um ihm Gewissheit zu geben, wo ich mich aufhalte. Kommt das Pferd damit gut zurecht, d.h., steht es gelassen da, wenn ich mich von einer Schulter zur anderen be-

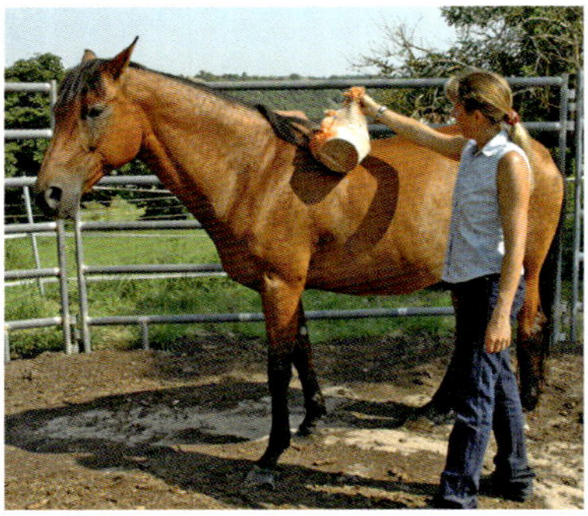

**1** Aussacken mit Klappersack. Beim Aussacken sind unserer Phantasie keine Grenzen gesetzt. Wenn wir langsam steigern, immer klein anfangen sowie die Zeichen, die uns das Pferd gibt, berücksichtigen, wird es nicht lange dauern, bis wir das Pferd auch mit großen Objekten aussacken können.

**2** Wenn das Pferd die Ohren nach hinten stellt, während ich hinter ihm stehe und Geräusche mache, ist das kein Ohrenanlegen, sondern mein Pferd lauscht. Es „beobachtet" mich sozusagen mit seinen Ohren. Als Ausbilder muss ich das unterscheiden können. Es ist in Ordnung, wenn das Pferd nach hinten blickt, um zu sehen, was ich mache. Wir wollen schließlich keine Maschine haben, die ungerührt alles über sich ergehen lässt.

**1** Auch mit der Plane muss man wieder klein anfangen ...

**2** ... bevor man sie nach und nach ganz groß werden lässt. Scout erträgt es mit Gelassenheit.

**3** Wenn ich allerdings die Plane über seinen Kopf ziehe, kann man die Anspannung erkennen. Wann es dem Pferd zu viel wird, zeigt es uns durch seine Reaktionen. Die Muskeln sind angespannt, der Atem geht nur noch stoßweise, das Pferd steht buchstäblich unter Strom. Wenn der Kopf oben ist und das Pferd womöglich noch die Ohren nach hinten anlegt, zeigt es, dass es in Kürze nichts mehr ertragen kann. Spätestens hier muss ich ihm eine Pause gönnen, sonst setzt es seine Andeutungen in die Tat um und flieht. Dann benötigt man wesentlich mehr Aufwand, ihm zu helfen, diesen Punkt zu überwinden. Außerdem bedarf es etlicher Wiederholungen.

wege, beginne ich wieder herumzulaufen, nehme aber diesmal kurz vor dem Schweif die Hand vom Pferd und lege sie gleich danach wieder auf. Je nachdem, wie gut das Pferd damit umgehen kann, verlängere ich immer mehr die Zeiten, in denen meine Hand nicht am Pferd aufliegt, nehme sie also bei der nächsten Steigerung auf Höhe der Kruppe weg und lege sie auf der anderen Seite an gleicher Stelle wieder auf. Dies übe ich, bis ich um das Pferd herumlaufen kann, ohne meine Hand zu Hilfe zu nehmen, und das Pferd ruhig und entspannt stehen bleibt.

**!** **Unser Ziel: Wir wollen die Toleranzgrenze allmählich erweitern, ohne dass das Pferd sich überfordert fühlt und die Flucht ergreift.**

### Der Sonnenschirm – Aussacken für Fortgeschrittene

Bevor man mit dem Sonnenschirm beginnt, sollte man mit einem Regenschirm vorbereiten, dieser ist wesentlich kleiner und vielleicht nicht ganz so furchterregend.

1 Scout überlegt sich: „Was ist denn das? So etwas habe ich noch nie gemacht. Interessieren würde es mich schon!" Mit Interesse, Neugierde und Bedenken nähert er sich dem neuen Gegenstand.

2 Manchmal steigt dabei die Anspannung.

3 Wenn es dem Pferd anfangs zu viel wird, hilft es, das Halfter heranzuziehen. Manchmal reicht es bereits, wenn das Halfter nur angelegt ist. Man muss es gar nicht festhalten, den Strick sollte man ohnehin möglichst locker lassen. Die Verbindung mit dem Menschen übers Halfter unterstützt ihn, still zu stehen. Anstatt davonzurennen, setzt es sich mit dem Objekt, das man ihm präsentiert, auseinander. Das Pferd weiß, hier ist jemand, der mir Halt gibt.

4 Wenn das Pferd tatsächlich einmal wegläuft, kann ich mit dem Strick nachhelfen, dass es möglichst bald wieder anhält. Wichtig ist, dass ich in dem Moment, wo das Pferd die Flucht ergreift, mit dem Objekt an seinem Körper bleibe. Deshalb darf der Strick nicht länger sein als der Gegenstand selbst. Sobald das Pferd zum Stehen kommt, lobe ich es und entferne mich sofort mit dem Objekt. So lernt das Pferd, dass es nur stehen bleiben muss, damit das Ding, vor dem es sich fürchtet, verschwindet. Wenn es aber flieht, wird das Pferd von dem „obskuren" Objekt hartnäckig weiter verfolgt. Sollte es einmal passieren, dass das Pferd beim Aussacken die Flucht ergreift, muss ich beim nächsten Mal viel langsamer vorgehen und einige Übungsschritte zurücknehmen, um das verloren gegangene Vertrauen wieder zu festigen. Das Tempo, wie schnell wir beim Aussacken vorwärtskommen, bestimmt immer das Pferd!

5 Scout hat sich beruhigt. Nun kann ich seinen Körper wieder mit dem Schirm abstreifen, obwohl der Führstrick durchhängt. Auch wenn sein Kopf noch leichte Anspannung zeigt, schafft er es, ruhig zu stehen. Je öfter ich diese Übung mit ihm mache, desto mehr wird er sich entspannen.

6 Diesmal schafft es Scout, auch ohne Halfter stehen zu bleiben.

**Aussacken in Bewegung**

Wenn das Pferd komplett ausgesackt ist und es schafft, ruhig stehen zu bleiben, folgt der gleiche Übungsablauf in Bewegung. Es gibt Pferde, die still stehen, weil sie denken, dass auf diese Weise alles schnell vorbeigeht. Aber in Bewegung fühlt sich vieles anders an, und das Pferd muss sich daran gewöhnen. Das Aussacken in Bewegung dient als Vorbereitung fürs Reiten. Das Pferd muss lernen, den Sattel mitsamt dem Reiter mit Gelassenheit zu er-tragen. Wenn man es nur im Stillstehen ausgesackt hat, kann es passieren, dass es beim ersten Mal in Bewegung mit dem Sattel in schreckliche Panik gerät. Dies sollten wir ihm ersparen.

Hierzu nimmt man das Pferd ans Halfter und lässt den Strick durchhängen. Als Hilfsmittel empfiehlt sich das Fähnchen. Damit ich das Pferd mit dem Fähnchen berühren kann, darf der Führstrick nicht länger sein als das Fähnchen selbst. Ich muss in der Lage sein, immer mit dem Pferd mitzulaufen und es dabei mit dem Fähnchen zu berühren. Wenn der Strick zu lang ist, kann das Pferd weglaufen und muss sich nicht mit dem Gegenstand auseinandersetzen. Der Lerneffekt wäre gleich null. So aber lernt es, dass das Fähnchen irgendwann verschwindet. Selbst wenn das Pferd eventuell anfangs davonrennt, bleibe ich dran und berühre es mit dem Fähnchen. So kann ich ihm auch helfen, sein Tempo zu drosseln und die nötige Ruhe zu finden, um schließlich stehen zu bleiben. In dem Moment, wo es still steht, lobe ich mein Pferd und gebe ihm eine Pause.

**1** Das Fähnchen eignet sich besonders als erstes Übungsobjekt, weil ich sichergehen kann, auch bei schnellem Tempo mithalten zu können.

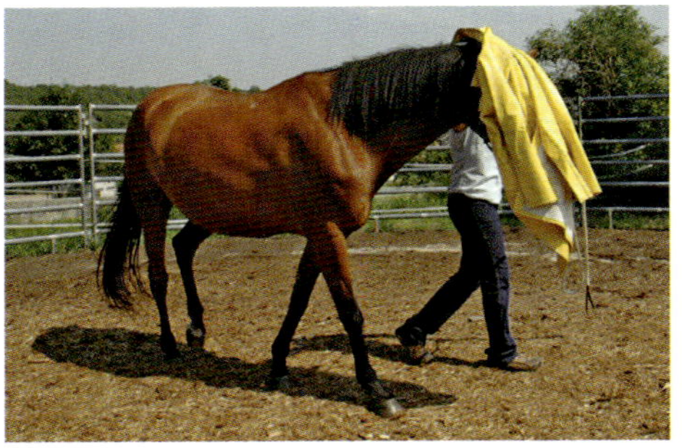

**2** Auch der Regenponcho ist gut geeignet. Hierbei ist es wichtig, alle Körperteile mit dem Poncho zu berühren und gelegentlich das Gesicht in Bewegung zu verdecken. Das steigert das Vertrauen ungemein!

**Objekte am Boden**

Wichtig ist auch, dass man die unterschiedlichsten Objekte am Boden um das Pferd herumschleifen kann. Das dient als Vorbereitung auf Dinge, die auf dem Boden liegen, etwa der Wasserschlauch im Stall, ein Seil, das am Sattel nicht korrekt angebunden herunterfällt, oder ein Ast, der hängen bleibt und mitgeschleift wird.

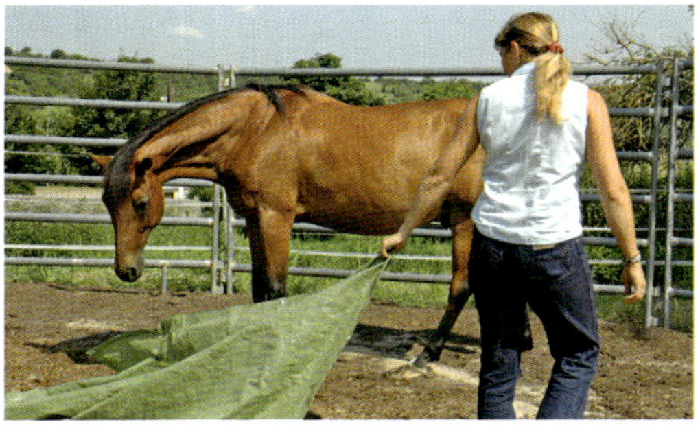

**1** Scout bleibt ruhig stehen, während ich mit der großen Plane am Boden schleifend um ihn herumlaufe. Er sieht sie sich lediglich sehr interessiert an.

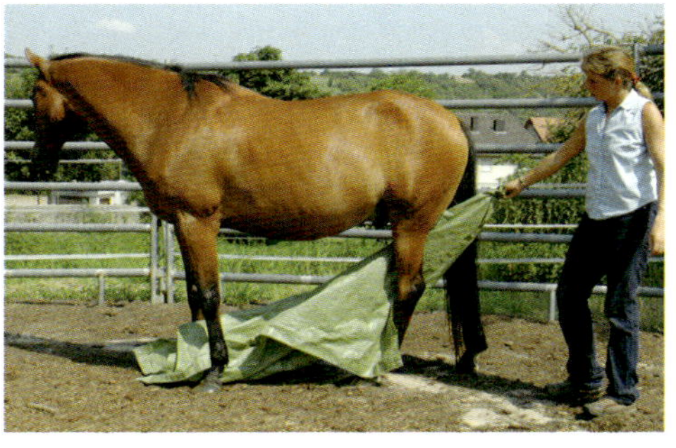

**2** Auch das Überqueren von Gegenständen – sei es nun ein dünnes Seil oder eine riesengroße Plane – will gelernt sein und benötigt vor allem anfangs großes Vertrauen zum Menschen. Hier kann man zunächst mit Halfter arbeiten, um dem Pferd Sicherheit zu geben. Wichtig ist, dass das Halfter nur unterstützend wirken soll und nicht zu viel Zwang davon ausgeht.

**3** Das Bewegen eines Objekts, auf dem das Pferd steht, stellt eine weitere Steigerung dar und bedarf Zeit und Übung. Unser Endziel beim Aussacken ist es, dem Pferd die Angst zu nehmen und Vertrauen aufzubauen. Dabei sind unserer Phantasie keine Grenzen gesetzt. Je mehr Zeit und Erfindungsreichtum wir hier investieren, umso sicherer und gelassener wird unser Pferd.

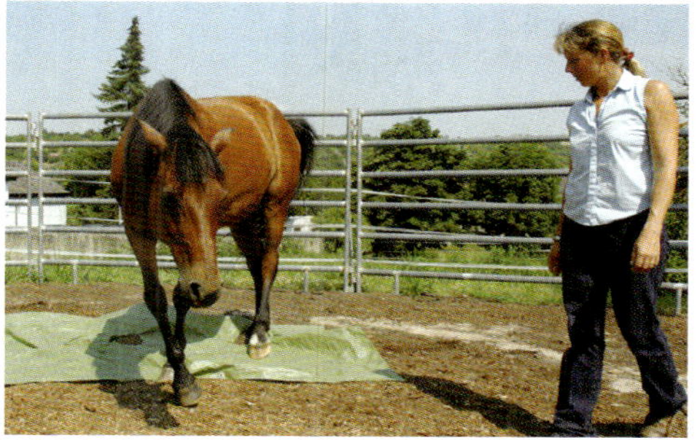

**4** Scout verlässt erst die Plane, wenn ich ihn dazu auffordere.

## Kopfscheuheit

Oft sind Pferde aus diesem oder jenem Grund kopfscheu, meist hat es etwas mit Misshandlungen in der Vergangenheit zu tun. Ein Pferd, das allerdings nur seinen Kopf langsam wegdreht, sobald man es dort streicheln möchte, gilt keineswegs als kopfscheu! Pferde lassen sich nur dann gerne im Gesicht anfassen, wenn sie in ihrem Inneren zufrieden und gelassen sind.
Schlägt man einem Pferd oft genug auf den Kopf, gewöhnt es sich an, mit diesem möglichst schnell auszuweichen, um den Schlägen zu entgehen. Diese Angewohnheit behält es bei, selbst wenn man sich nur dem Kopf nähert und gar nicht die Absicht hat, es zu schlagen. Bald hat das Pferd kapiert, dass man durch geschicktes Ausweichen gewissen Schlägen entkommen kann, und so wird dies zur automatischen Reaktion auf jede Art der Annäherung. Es erfolgt meist durch blitzartiges Hochreißen oder Herumschwingen des Kopfes.

**Ein Pferd, das mit sich selbst im Reinen ist, kann man ohne Probleme im Gesicht streicheln**

### Nicht damit abfinden – sondern darüber hinweghelfen

Dieses erlernte Schutzverhalten kann zum einen sehr gefährlich werden, denn das Pferd achtet in dem Moment nicht darauf, wohin es ausweicht. Schon manch einer hat eine Kopfnuss von einem Pferd erhalten und weiß, wie schmerzhaft das sein kann.
Zum anderen gilt es natürlich auch in diesem Fall, dem Pferd über die schlimme Erfahrung hinwegzuhelfen und ihm die Gewissheit zu geben, dass auch sein

Kopf bei uns sicher ist und es nicht immer mit Vorsicht darauf bedacht sein muss, keine Schläge zu erhalten.
Anders als beim Aussacken müssen wir hier mit einem erlernten Verhalten des Pferdes umgehen und versuchen, ihm diese automatisierte Reaktion wieder abzugewöhnen. Manchen mag das gelingen, indem sie häufig lange den Kopf am Halfter halten und streicheln, um die Berührung des Kopfes dem Pferd wieder angenehm zu machen. Es gibt aber Pferde, die so extrem darauf getrimmt sind, dass sie diesen Vorgang auf keinen Fall zulassen und gänzlich unter Anspannung stehen, solange das jemand versucht.
Generell bin ich eher dafür, Reaktionen ohne Halfter zu erreichen, denn nur so kann ich sichergehen, dass es aus freiem Willen geschieht. Natürlich gibt es gewisse Situationen, in denen ich nicht ohne Halfter arbeiten kann, Kopfscheuheit gehört aber nicht dazu.

**Austricksen erlaubt?**

Wenngleich ich mich beim Aussacken langsam an kritische Stellen, die dem Pferd unangenehm sind, herantaste, gehe ich bei der Kopfscheuheit völlig anders vor:
Bleibt ein Pferd zum Beispiel ruhig und gelassen, solange ich den Hals reibe, und spannt sich erst an, wenn ich an den Ohren angelangt bin, werde ich es lange am Hals streicheln, aber immer nur an den Stellen, an denen es ihm gefällt.

**Gib einem Pferd das, was es braucht, und es wird dir sein Herz schenken!**

Wenn dann das Pferd völlig entspannt dasteht, gehe ich einmal ganz kurz und blitzschnell mit der Hand ein paar Zentimeter weiter dorthin, wo sich das Pferd anspannt. Doch bevor die Verkrampfung entsteht, bin ich mit meiner Hand schon wieder am Hals, wo es das Streicheln genießt. Solange es noch etwas misstrauisch ist, werde ich mit meiner Hand an dieser Stelle bleiben. Wenn es sich dann wieder entspannt, wiederhole ich den Vorgang am Gesicht. Wichtig ist, dass ich mit meiner Hand schon wieder zurück im angenehmen Bereich bin, bevor das Pferd reagieren kann. Dies wiederhole ich immer wieder, bis ich das Pferd auch langsamer und länger im Gesicht streicheln kann, ohne dass es sich anspannt – je nachdem wie tief die Angst vor Schlägen sitzt, kann dies aber eine Weile dauern.

**Was lernt das Pferd, dadurch dass ich es austrickse?**

Würde ich versuchen, mich langsam an die besagte Stelle vorzuarbeiten, gebe ich dem Pferd genügend Zeit, darüber nachzudenken, wie schlimm dieser Vorgang ist, und sich in Schutz zu bringen. Durch meinen Überraschungseffekt und dadurch dass ich, bevor es mit Ausweichen reagieren kann, wieder weg bin, zeige ich ihm, dass ein Ausweichen seinerseits nicht nötig war. Auch wenn es anfangs im Nachhinein, also wenn meine Hand schon wieder weg ist, ausweicht, lernt es doch mit

der Zeit, dass ich ihm nichts tue und mich auch wieder entferne, ohne dass es sich wehren muss. Ich zeige ihm, dass es meine Hand in seinem Gesicht angenehm spüren kann und dass es unnötig ist, deshalb in Panik zu geraten. Anders als beim Festhalten mit dem Halfter und Streicheln, überlasse ich es dem Pferd, sich damit auseinanderzusetzen. Auch hier bestimmt das Tier, wie schnell ich voranschreiten kann.
Durch mein kurzes Berühren und sofortiges Entfernen denkt sich das Pferd nach einer Weile: „So schlimm war das gar nicht. Eigentlich ist das Kopfschlagen viel zu mühselig, und im Grunde kann ich ruhig stehen bleiben."

**! Obwohl ich mich hier sehr schnell bewegen muss, darf meine Bewegung nicht ruckartig ausfallen. Ich gehe also langsam an die Grenze, die dem Pferd noch angenehm erscheint, und bewege dann nur meine Hand oder meinen Arm sehr schnell hin und wieder zurück. Man sollte darauf bedacht sein, dass man in einer sicheren Position zum Pferd steht. Bei dieser Übung kann es passieren, dass das Pferd einmal den Kopf plötzlich dreht und dadurch dem Ausbilder einen Haken versetzt.**

# Rockys Geschichte

*Ich hatte ausnahmsweise einen Sonntag frei, als um halb acht Uhr das Telefon klingelte. Ziemlich verschlafen nahm ich den Hörer ab, war jedoch sofort hellwach. Eine sehr laute und energische weibliche Stimme sprudelte los, ohne ihren Namen zu nennen:*

*„Also, Sie sind meine letzte Rettung, ich habe nun wirklich alles probiert und weiß mir nicht mehr zu helfen. Egal welche Methode ich anwende, und glauben Sie mir, ich kenne sie mittlerweile alle, nichts funktioniert. Mein Pferd macht einfach, was es will, und ich habe das Gefühl, es lacht mich noch aus in meiner Hilflosigkeit, dabei tue ich doch alles, damit es ihm gut geht. Und das ist nun der Dank, vielleicht sollte ich es einfach verkaufen, aber dann kommt es mit Sicherheit zum Schlachter, weil mit so einem Pferd ja niemand zurechtkommt. Eigentlich mag ich ihn und wünsche mir wirklich, dass alles so schön mit uns klappt, aber ich sehe langsam keinen Ausweg mehr. Und beim Reiten funktioniert ja tatsächlich alles super, es ist nur, wenn ich am Boden bin, da hat er keinerlei Respekt vor mir. Wenn das Reiten nicht so schön wäre mit ihm, hätte ich ihn schon längst verkauft. Aber ich will schließlich nicht, dass er zum Schlachter muss, schließlich ist er ausgesprochen gesund und noch so jung und außerdem bildhübsch. Ich habe mich gleich in ihn verliebt, als ich ihn das erste Mal in dem Reitstall sah, in dem ich immer Unterricht genommen habe. Dort hat er aber der Reitlehrerin so den Führstrick durch die Hand gezogen, dass es ihr die ganze Innenfläche der Hand verbrannte und sie tagelang nicht reiten konnte. Er muss das wohl schon öfter gemacht haben, denn er wurde nur noch mit Führkette und Gebiss aus der Box herausgeführt. Ich dachte mir, ich kriege das schon hin, wenn er erst mal im Offenstall bei mir steht und sich mehr bewegen kann. Aber jetzt habe ich ihn schon seit einigen Monaten und habe auch bereits alles an Bodenarbeit versucht, was es gibt, aber nichts fruchtet …"*

*Ich stellte mich auf ein sehr langes Gespräch ein, wobei ich mir nicht sicher war, ob ich auch noch mal zu Wort kommen würde. Während ich diesen nicht enden wollenden Redefluss über mich ergehen ließ, kochte ich Kaffee und stellte mir vor, wie dieses Pferd vor seiner hysterisch kreischenden Besitzerin nur auf den Hinterbeinen hüpfend zu fliehen versuchte, die Vorderhufe schützend auf die Ohren gelegt. Grinsend konnte ich das nachvollziehen, doch ich war wohl so in Gedanken vertieft, dass ich nicht bemerkte, dass es plötzlich still war am anderen Ende der Leitung.*

*„Hallo? Sind Sie noch dran?", vernahm ich nun wieder und hatte erstmals die Gelegenheit, etwas zu sagen. „Ja, ja, ich habe nur eben über einen Lösungsvorschlag für Sie nachgedacht", flunkerte ich ein bisschen, wobei ich mir sicher war, dass meine Vorstel-*

*lung des auf Hinterbeinen fliehenden Pferdes nicht die erwünschte Lösung für die Dame darstellen konnte. Nun hörte ich Erstaunen am anderen Ende der Leitung. „Ich habe Ihnen doch noch gar nicht erzählt, worin mein Problem liegt." Etwas peinlich berührt hoffte ich, dass ich mich irgendwie möglichst unbeschadet herauswinden könnte. „Was genau ist denn Ihr Problem?", fragte ich, um von der Tatsache abzulenken, dass ich mich beim letzten Drittel der Erzählung ausgeblendet hatte.*

*„Also, um es kurz zu machen" – ich musste schmunzeln, denn ich hatte meine berechtigten Zweifel – „mein einziges Problem besteht darin, dass Rocky sich immer, wenn ich ihn irgendwohin führen will, wo er nicht hin möchte, losreißt. Er dreht sich einfach um und läuft los. Egal ob ich am Strick hänge oder nicht. Er weiß genau, wenn ich mal hinter seiner Schulter stehe, habe ich sowieso keine Chance mehr, und dann nimmt er den Kopf hinunter und läuft einfach weiter. Erst habe ich versucht mitzulaufen und so lange zu ziehen, bis er sich besinnt, aber dann reißt er nur noch fester und wird schneller." Aus Sicherheitsgründen habe ich ihr erst einmal erklärt, dass es völlig sinnlos ist, auch dann noch am Führstrick festhalten zu wollen, wenn die eigene Position bereits hinter der Schulter des Pferdes ist und das Pferd den Kopf senkt, um weiterzulaufen. Kein Mensch, sei er auch noch so kräftig, kann da standhalten, es gibt aber genügend Leute, die es versucht haben. Die Erfahrung reicht von verbrannten Handflächen bis Hinfallen und Hinterhergeschleift-Werden.*

*„Benutzen Sie immer noch die Führkette über die Nase oder durch das Pferdemaul?", fragte ich in der Hoffnung, dass sie das nicht tut. Sie verneinte und ich glaubte herauszuhören, dass sie deshalb schon oft getadelt wurde. „Ich will doch nicht schon mit Zwang das Pferd aus dem Stall herausholen, das geht mir gegen den Strich, aber er ist mittlerweile aufgrund seiner Vergangenheit hart und stumpf im Maul und auf der Nase, so dass er ein normales Halfter einfach nicht mehr spürt."*

*„Ihr Problem liegt nicht im Maul oder auf der Nase, sondern im Kopf und in der Hinterhand." Durch die Telefonleitung konnte ich einen Laut ausmachen, der großes Unverständnis ausdrückte. Ganz zögernd kam ein „Wie meinen Sie das?". Ich versuchte es anhand eines Beispiels zu erklären: „Sie fahren doch Auto, oder? Wenn also die Bremsen des Pferdes die Gedanken sind und der Motor die Hinterhand, der Motor sprich Hinterhand gibt Vollgas und die Bremsen sprich Gedanken wollen nicht wirklich stoppen. Dann kann niemand das Pferd aufhalten." „Aah ja!" Ich konnte an ihrer Stimme Zweifel an meinem Verstand erkennen, fuhr aber trotzdem unbeirrt fort. „Der Vorwärtsschub, also*

*der Motor, befindet sich beim Pferd in der Hinterhand. Bei Ihrem Rocky gibt es keine Verbindung von Führstrick oder Zügel zur Hinterhand. Wenn diese also losläuft und nach vorn schiebt, dann gehen rund 450 Kilo gegen das Halfter. Der Zug des Halfters kommt aber nicht hinten am Motor an, weil es keine Verbindung gibt. Deshalb kann man den Motor bei Rocky nicht ausschalten, und wenn sich Rocky in den Kopf gesetzt hat, zu gehen, dann geht er. Was man also tun muss, ist eine Verbindung des Stricks mit der Hinterhand aufzubauen, erst dann kann man den Motor jederzeit bei Bedarf ausschalten."*

*Nach einer weiteren Stunde am Telefon, in der ich ausführlich erklärte, wie man denn nun eine Verbindung herstellt, meinte sie: „Wissen Sie was, mir ist das alles viel zu kompliziert. Können Sie nicht heute noch vorbeikommen und mir das zeigen?" Zusätzliche zehn Minuten versuchte ich sie zu überreden, dass wir das Problem nicht unbedingt am selben Tag lösen müssten und ich gerne einen Termin mit ihr in den nächsten Tagen ausmachte, doch sie blieb hartnäckig. So verdrängte ich die Vorfreude auf meinen freien Sonntag, an dem ich mit meinem eigenen Pferd etwas unternehmen wollte, und ließ mir erklären, wie ich ihren Stall finden würde.*

*Zwei Stunden später stand ich auf einem wunderschönen Hof mit einem tollen Außenreitplatz, Longierplatz und allem möglichen Schnickschnack. Der Longierplatz war eingezäunt, und gedanklich nahm ich mir vor, dort unsere erste Lehrstunde abzuhalten. Dann kam auch schon Darleen auf mich zu, und ich war wieder einmal überrascht, wie man sich doch täuschen kann, wenn man sich am Telefon ein Bild von einer Person macht. Sie war weder dunkel- und kurzhaarig noch groß und kräftig gebaut, wie ich sie mir aufgrund ihrer Stimme während unseres Telefonats vorstellte. Eine kleine, zierliche, quirlige Person mit unkontrollierbaren blonden Locken kam auf mich zu. Sie strahlte so viel Freude aus, als sie mich sah, dass ich ihr schon fast verziehen hatte, da sie mich doch um meinen freien Tag brachte. In einem hatte sie Recht: Rocky war wirklich ein bildhübsches Pferd. Ein fünfjähriger Paint Wallach, der aussah wie aus dem Bilderbuch, stand in einem großen Offenstall mit unglaublich viel Auslauf und weiteren acht Pferden.*

*Sobald Darleen mit dem Halfter kam, wendete er sich jedoch ab und ging in die andere Richtung, sie brauchte eine halbe Stunde und rund 20 Pferdeleckerli, bis sie ihn überzeugen konnte, stehen zu bleiben und sich aufhalftern zu lassen. Als sie ihn dann aus dem Paddock führte und in Richtung Longierplatz lief, gab Rocky plötzlich Gas, nahm seinen Kopf nach rechts und nach unten und lief wieder zurück zum Tor, hinter dem seine Kollegen schon auf ihn warteten. Darleen bemühte sich nur kurz, ihn am Strick festzuhalten, ließ sich dann aber schnell überzeugen, dass dies keinen Sinn mehr hatte. Verzweifelt suchten ihre Augen nach mir, und unter Tränen sagte sie: „Jetzt, wo er es herausgefunden hat, dass er das machen kann, wird es immer schlimmer, ich kann fast nirgendwo mit ihm hingehen, ohne dass er sich losreißt und alleine zurückgeht."*

*„Das ist kein Problem, dann machen wir unsere Unterrichtsstunde eben genau hier, wo die Schwierigkeit beginnt. Lassen Sie uns doch einfach hier auf dem Platz direkt vor dem Tor arbeiten. Hier möchte er doch offensichtlich sein, in der Nähe seiner Kollegen. Was spricht dagegen, ihm an dieser Stelle etwas beizubringen? Zumindest muss er sich hier keine Gedanken machen, wie er am schnellsten wieder zu seinen Kumpels zurückkann, denn er ist ja schon da. Wenn man einem Pferd etwas Neues beibringen will, ist es nicht verkehrt, dafür zu sorgen, dass es sich sicher fühlt. Je wohler es sich fühlt, umso schneller kann es neue Dinge aufnehmen."*

*Darleen gefiel die Idee, und ich fing an, Rocky am Zaun auf und ab zu führen, er schien das in Ordnung zu finden, und so begann ich bei jeder Wendung die Hinterhand deutlicher zu adressieren. Mehr und mehr nahm ich den Strick in Richtung Hinterhand, um diese erst weichen zu lassen, bevor ich ihn in der Vorhand wenden ließ. Anfangs war er sehr steif, und ich benötigte etwas Kraft, wenn ich erreichen wollte, dass er durch Zug am Strick mit der Hinterhand weichen würde. Der Zaun kam mir dabei sehr gelegen, denn ich wendete immer so knapp, dass er einfach erst mit der Hinterhand umsetzen musste, bevor er mit der Vorhand nachsetzen konnte. Manchmal standen wir sogar so nah am Zaun, dass er schon mit seinem Gewicht nach hinten wippen musste, um auch mit dem Kopf daran vorbeizukommen. Er wurde zusehends weicher in seinen Bewegungen, und die Hinterhand wurde richtig locker. Mir war klar, dass ich auch ohne Hilfe des Zauns zurechtkommen musste, denn man sollte nie auf Hilfsmittel bauen, die nicht immer vorhanden waren.*

*Ich begann mich langsam etwas vom Zaun zu entfernen und ging in einem kleinen Abstand hin und her, auch mal vom Zaun weg und wieder zurück, die Abstände immer kurz genug, dass er beschäftigt war und gar nicht darüber nachdenken konnte, dass er jetzt lieber näher bei seinen Kameraden wäre.*

*Rocky war so in seine Arbeit vertieft, dass wir bald am Longierplatz ankamen, und als ich dort anhielt, um eine Pause zu machen, schien er mit sich und der Welt so zufrieden zu sein, dass er nicht einmal den Kopf umwandte, als eines der anderen Pferde nach ihm wieherte. Sie schienen in diesem Moment, an diesem Ort unwichtig geworden zu sein. Ich führte Rocky wieder zurück, nicht ohne auszuprobieren, ob ich auch jetzt nach der Pause und auf dem Rückweg noch die gleiche Durchlässigkeit bekam wie zuvor in meiner Trainingsstunde. Ich drehte mich zu seiner Hinterhand und nahm den Strick in Richtung des Hüftknochens, und leicht wie eine Feder wendete er und stand nun mit dem Kopf in die entgegengesetzte Richtung. Mehr wollte ich nun wirklich nicht erwarten, ich führte ihn geradewegs zurück zu seinem Paddock und ließ ihn frei.*

# 6 *Führen*

*Das stärkste Halfter ist der Wille des Pferdes. Ein Pferd, das gerne bei mir ist, bedarf keinerlei Kraft beim Führen. Weder muss es hinterhergezogen werden wie ein alter Hund, noch zerrt es ungestüm selber. Für ein Pferd, das schließlich 400 Kilo mehr auf die Waage bringt als wir, ist es unverzichtbar, dass es gewisse Maßnahmen lernt, damit jeder Zug am Führstrick überflüssig wird und es doch in jeder Situation geführt werden kann. Eine geistige Verbindung und natürlich ein paar Regeln sind nötig, damit das Pferd weiß, was von ihm erwartet wird.*

# Sicherheit geht vor

Das Führen, egal ob aus der Box oder aus der Koppel heraus, zeigt sehr viel über den Gemütszustand und die innere Einstellung des Pferdes dem Menschen und der Arbeit gegenüber.

Es gibt Pferde mit hervorragenden Leistungen bei Springturnieren oder beim Dressurreiten, die jedoch, sobald sie auf die Koppel oder gar in einen Anhänger geführt werden sollen, am Strick hängen, sich fast losreißen oder sich schlecht verladen lassen. Dieses Verhalten deutet an, dass die Pferde lediglich für eine bestimmte Leistung gedrillt worden sind. Niemand hat darauf geachtet, wo die Gedanken der Pferde sind oder wie sie sich bei ihrer Arbeit fühlen. Und niemand hat sich die Zeit genommen, ihnen grundlegende Manieren beizubringen.

**Das stärkste Halfter ist der Wille des Pferdes**

Dabei bedarf es gar nicht viel, um einem Pferd zu zeigen, was von ihm beim Führen erwartet wird. Ein leichtführiges Pferd sollte nicht erst auf einen Zug mit dem Halfter mit einer Vorwärtsbewegung reagieren, sondern bereits dann, wenn ich mich in Bewegung setze. Nur zu oft gewöhnen es sich Pferde jedoch an, erst einmal gegenzuhalten, der Rücken spannt sich an, und der Kopf geht hoch. Gefördert wird dieses Verhalten unbewusst von uns Menschen, weil wir in diesem Moment zunächst die Spannung des Führstricks wieder lösen, da es ja nicht möglich ist, ein Pferd gegen seinen Willen zu bewegen. Dieses Loslassen aber bedeutet für das Pferd, dass es korrekt reagiert hat. Es ist also wichtig, die Spannung zu halten, manchmal genügt es, nur kurz zu warten, bis das Pferd es sich anders überlegt und schließlich losläuft. Sogenannte Grundmanieren, zu denen das Führen nun einmal gehört, werden in vielen Ausbildungsweisen vernachlässigt, weil man sich nur auf das vermeintlich Wesentliche konzentriert. Es sollte uns aber klar sein, dass man den Umgang mit dem Pferd ganzheitlich sehen muss.

Wenn ein Pferd sich nicht gut führen lässt und mit den Gedanken gänzlich abschweift, dann kann ich nicht erwarten, dass es plötzlich beim Reiten voll bei der Sache ist.

### Warum sollte mein Pferd leichtführig sein?

Ein leichtführiges Pferd ist auch dann einfacher zu handhaben, wenn es um extreme Dinge wie etwa Verladen, Führen durch Wasser, beängstigende Situationen, Brücken oder auch nur das Führen durch eine schmackhafte Wiese usw. geht.

Führübungen sind deshalb ein ausgezeichnetes Training, um sich die Aufmerksamkeit des Pferdes zu holen. Es lernt dadurch, seine Gedanken auf uns zu konzentrieren, und dies zahlt sich später beim Reiten aus.

Leichtführige Pferde sind wesentlich leichter zu gymnastizieren, wenn sie gelernt haben, nicht mit ihrem ganzen Gewicht gegen den Führstrick zu gehen. Es gibt zahlreiche Übungen, bei denen das Pferd während des Führens massiert und gedehnt wird. Ist mein Pferd von Grund auf leichtführig, fällt mir das auch damit wesentlich leichter. Selbst bei vielen Stangenarbeiten, die sehr gut für Pferde sind, hilft ein gutes Basisverständnis der Führregeln.

### Was verstehe ich unter leichtführig?

Ein Pferd ist leichtführig, wenn es genau

- mit seinem Kopf auf Höhe meiner Schulter ist und von sich aus immer darauf bedacht ist, diese Position zu halten, auch sobald ich stehen bleibe, schneller und langsamer werde.
- dann losläuft, sobald ich das tue, ohne dass eine Spannung am Führstrick entsteht.
- dann stehen bleibt, sobald ich das tue, ohne dass es mich an der Schulter anstupst, weil es zeitverzögert reagiert hat. Auch hier sollte kein Druck vom Führstrick erforderlich sein.
- dann beschleunigt oder verlangsamt, sobald ich das tue, sich also immer meinem Tempo anpasst.

### Wie kann ich das einem Pferd beibringen?

1. Ich stehe zunächst in der Position neben dem Kopf des Pferdes. Mein Führstrick hängt etwa so weit durch, dass ich circa zwei Schritte laufen und das Pferd stehen bleiben könnte, ohne Druck am Führstrick zu spüren.

1 Rudis (Barudas) Aufmerksamkeit ist nicht bei mir, ich fordere sie auf, mehr auf mich zu achten, indem ich ein Stimmensignal gebe und leichten Zug am Strick ausübe.

2 Die Stute Rudi wendet ihre Aufmerksamkeit mir zu.

3 Ich laufe los, und Rudi kommt sehr verzögert hinterher. Obwohl ich Spannung aufgebaut habe, sperrt sich Rudi dagegen und läuft wie mit angezogener Handbremse.

2. Ich konzentriere mich auf mein Pferd und stelle mir vor, dass es sich nun gleichzeitig mit mir in Bewegung setzt. Pferde sind Meister darin, unsere Gedanken lesen zu können, und je intensiver man mit dem Pferd arbeitet und ihm die Möglichkeit dazu gibt, indem man sich die gewünschte Reaktion bildlich vorstellt, umso mehr kann das Pferd auf uns eingehen. Aus diesem Grund ist es so wichtig, dass ich immer bei der Sache bin. Wenn meine Gedanken schweifen, geht die Verbindung verloren, und das Pferd weiß nicht, was ich von ihm will.
3. Bevor ich starte, achte ich darauf, dass mein Pferd mit seinen Gedanken bei mir ist und nicht abgelenkt wird.
4. Nun laufe ich los, nicht zögernd, sondern mit viel Energie, ich möchte mein Pferd mit meinem Schwung motivieren.
5. Läuft mein Pferd mit mir mit, lobe ich es, indem ich es während des Laufens am Hals streichele.
6. Reagiert es verzögert, gebe ich ihm die zwei Schritte Zeit, die es braucht, bis sich der Führstrick spannt. Dann laufe ich weiter und halte die Spannung am Führstrick so lange, bis sich das Pferd anschickt aufzuholen, um die Spannung zu lösen.
   - Wichtig hierbei ist, dass ich die Spannung langsam während des Laufens aufbaue und nicht ruckartig ziehe. Ruckartiges Ziehen hat immer zur Folge, dass Pferde durch ein Hochreißen des Kopfes auf die Anspannung reagieren. Doch genau das gilt es zu vermeiden.
   - Die Spannung am Strick halte ich konsequent und gleichbleibend.
   - Sobald das Pferd beschleunigt, um die Spannung zu lösen, gebe ich nach und lobe es wieder durch Streicheln während des Laufens. Ich übe jedoch weiter, bis das Pferd auf Höhe meiner Schulter läuft.

4 Rudi bemüht sich aufzuschließen. Die Spannung verringert sich sofort.

5 Rudis Bremsen sind nun gelöst, im Führstrick steckt keine Spannung.

**6** Ich bleibe stehen. Rudi hat mich überholt, sie darf jedoch nicht an meiner Schulter vorbeikommen.

**7** Ich richte sie rückwärts, um zu korrigieren.

7. Verlangsamt das Pferd, steigere ich wieder die Spannung.
8. Es genügt, wenn ich rund sieben bis zehn Schritte laufe, dann bleibe ich aus einem langsamen Schritt heraus stehen. Mein Anhalten sollte ich anfangs sehr deutlich machen, indem ich mit den Füßen fest auf den Boden auftrete.
9. Bleibt das Pferd gleichzeitig mit mir stehen, lobe ich es überschwänglich, indem ich es ausgiebig streichele.
10. Bleibt es nicht stehen, muss ich schnell, aber nicht ruckartig am Führstrick ziehen, um ihm das Anhalten zu verdeutlichen. Wenn es dann anhält, fordere ich es auf, so weit zurückzugehen, bis es sich wieder mit dem Kopf auf Höhe meiner Schulter befindet.
11. Durch einiges Üben und mehrmaliges Wiederholen von Loslaufen und Anhalten lernen die meisten Pferde sehr schnell, worauf es ankommt. Dann kann man die Hilfen etwas verfeinern, z.B. beim Stehenbleiben nicht mehr so hart auftreten.
12. Das Pferd darf mich beim Führen vorwärts nicht überholen. Für den Pferdekopf muss meine Schulter die Grenze sein. Überholt es mich trotzdem, halte ich es an, indem ich stehen bleibe und am Führstrick ziehe. Ich richte es rückwärts, bis es wieder auf Höhe meiner Schulter ist, dann werde ich es wieder loben.
13. Fehler sollte man sofort korrigieren. Jeder Schritt zu viel muss durch Rückwärtsgehen ausgeglichen werden. Was uns übertrieben pedantisch erscheinen mag, ist dem Pferd gegenüber nur fair. Man muss ihm immer wieder zeigen, was genau man von ihm will. In der Genauigkeit gewinnt es Sicherheit und kann etwas lernen.
14. Um die Sache für das Pferd interessanter zu machen, kann man das Tempo immer wieder variieren, mal langsam, mal schneller Schritt, ja sogar einen Trab einbauen. Dies sorgt für Abwechslung und hilft dem Pferd, die Aufmerksamkeit bei uns zu halten. Auch Schlangenlinien oder Biegungen zu laufen ist abwechslungsreicher, als nur geradeaus zu gehen.

8 Beim Loslaufen entsteht keine Spannung mehr, weil Rudi bei der Sache ist.

9 Sie kann jetzt anhalten, ohne mich zu überholen – mit ihrem Kopf auf Höhe meiner Schultern.

## Mögliche Probleme

Bei Pferden, die zwar loslaufen, aber sich immer hinterherziehen lassen und bei denen selbst fleißiges Üben mit Loslaufen und Anhalten keinen Erfolg bringt und nur zur Folge hat, dass unser Arm immer länger zu werden scheint, ist es oft hilfreich, die oben genannte Übung mit dem Fähnchen zu unterstützen. Erst einmal sollte man es im Kreis probieren (siehe Abbildungen) und damit das Pferd an das Fähnchen gewöhnen.

Nun gehe ich wie oben beschrieben mit dem Zusatz vor, dass ich das Fähnchen in meiner linken Hand halte. (Voraussetzung ist jedoch, dass das Pferd vorher sehr gut mit dem Fähnchen ausgesackt wurde.)

Wenn das Pferd also nicht auf die Spannung des Führstricks reagiert, dann nehme ich das Fähnchen nach hinten deutend langsam hoch und raschele damit. Dies ist eine Steigerung zur Spannung am Führstrick. Läuft das Pferd nun schneller, lasse ich

1 Dies ist meine Ausgangsposition, ich stehe auf Höhe der Hinterhand. Der Führstrick darf nicht länger sein als mein Fähnchen.

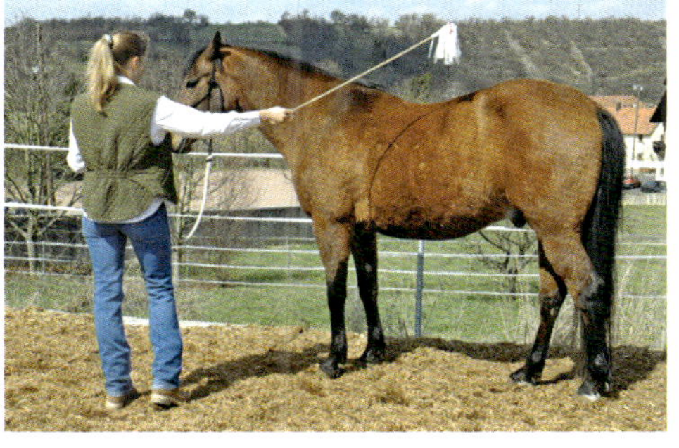

2 **Falsch:** Ich stehe zu weit vorn, vor der Schulter, hier blockiere ich optisch das Pferd beim Versuch, loszulaufen.

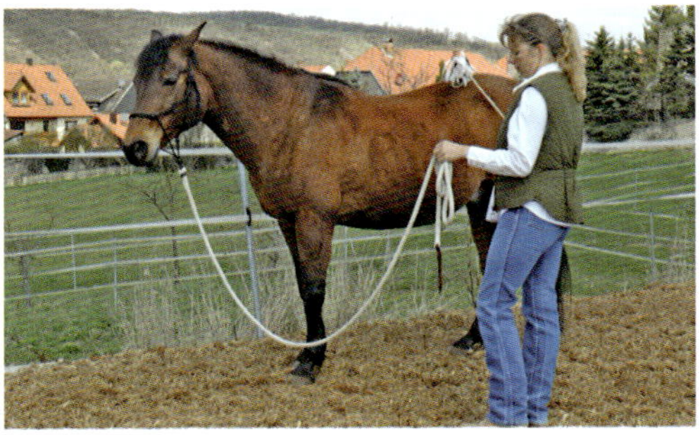

**3** **Falsch**: Der Strick ist viel zu lang. Würde das Pferd beim Loslaufen in Panik geraten, hätte ich keine Möglichkeit, ihm zu zeigen, dass das Fähnchen streicheln kann und ihm nichts tut.

**4** Ich wedele so lange mit dem Fähnchen über seiner Kruppe, bis er sich in Bewegung setzt und nach vorne läuft.

**5** Sobald er losläuft, streichele ich ihn mit dem Fähnchen, um ihm zu zeigen, dass ich genau das von ihm erwarte. Ich lasse ihn im Kreis herumlaufen und streichele ihn dabei immer mit dem Fähnchen. Wenn er stehen bleibt, wedele ich wieder damit und streichele, sobald er sich wieder in Bewegung setzt. Nun beginne ich wie bei der normalen Führübung. Das Fähnchen ist nun meine letzte Instanz, wenn die anderen Dinge nicht wirken.

**6** Ich laufe los, es entsteht Zug am Strick und großer Widerstand bei Scout. Er hat den Kopf oben und lässt sich nur sehr träge hinterher ziehen.

**7** Ich habe das Fähnchen nur kurz eingesetzt und damit auf Höhe seiner Hinterhand gewedelt. Er hat verstanden, was ich von ihm möchte, und läuft schneller vorwärts, so dass der Strick nun durchhängt.

das Fähnchen wieder absinken, denn die Spannung am Führstrick sollte ohnehin weg sein. Diesen Vorgang kann ich mehrmals wiederholen, wobei ich darauf achte, dass das Fähnchen nur in letzter Instanz eingesetzt wird. Sobald das Führen besser klappt, kann ich mein Hilfsmittel wieder weglassen.

Tempoveränderungen – mal langsam, mal schnell laufen – oder Anhalten, auch Rückwärtsgehen – all dies kann einem abgestumpften Pferd helfen, mehr Sinn in dieser Übung zu sehen. Je interessanter die Sache für das Pferd erscheint, umso mehr Ehrgeiz wird es dafür aufbringen.

**Pferde, die nicht zum Vorwärtslaufen zu bewegen sind**

Kein Pferd ist bockig! Viele Leute glauben das zwar – es ist ja auch allzu menschlich, dass man immer wieder versucht, sich gegenseitig auszutricksen, um zu gewinnen. Aber Pferde verhalten sich nicht so. Sie geben stets ihr Bestes, sie machen das, was sie können. Aber manche Dinge verstehen sie einfach nicht. Auch wenn ein Pferd

1 Hier kann man den anfänglichen Widerstand sehr gut erkennen: Nelly streckt den Kopf hoch in totaler Anspannung. Ich halte den Zug gleichmäßig fest und warte.

2 Nelly kommt mir ein bisschen entgegen, aber ihre Nase will noch immer in die andere Richtung deuten, wenn auch ihr Fuß schon einen Schritt in meine Richtung getan hat. Obwohl ihr Hals in meine Richtung gebogen ist, erkennt man, wie der Kopf sich noch in die andere Richtung biegen will, auch ihr rechtes Auge blickt mehr nach rechts als in die Richtung, in die ich laufe. Ich halte dem Zug lediglich stand und gebe ihr Zeit, den besten Weg aus diesem inneren Zwiespalt zu finden.

3 Nelly gibt ihre eigenen Gedanken auf und geht mit meinen. Sie kommt mir entgegen, und auch an den Ohren und Augen zeigt sie, dass sie nun nach vorne denkt. Im nächsten Moment löst sich die Spannung am Strick.

4 Wie vorher bereits angedeutet, ist Nelly jetzt ganz bei der Sache. Der Führstrick hängt durch, sie hat eine entspannte Körperhaltung und läuft mit ihrem Kopf auf Höhe meiner Schulter.

sehr stur scheint, wenn es nicht mitlaufen will oder still steht – handelt es sich nicht um Bockigkeit, sondern nur um erlerntes Verhalten durch falsche Handhabung des Menschen. Hier gibt es verschiedene Möglichkeiten, dem entgegenzuwirken. Ich empfehle, einfach mehrere Dinge auszuprobieren, um zu sehen, welches dem Pferd am leichtesten fällt. Manchmal reicht es bereits aus, von einem anderen Winkel aus an das Pferd heranzutreten, um es in Bewegung zu bringen.
Man kann etwa versuchen, den Zug des Halfters nicht direkt nach vorne zu steuern, sondern zur Seite. Das Pferd vermag wesentlich besser einem Zug nach vorne standzuhalten als einem von der Seite, weil man durch das seitliche Ziehen das Pferd leichter aus der Balance bringt. Wir gehen äußerst behutsam vor, gerade einmal so weit, dass das Pferd einen Schritt macht. Anschließend lassen wir sofort los, um diesen einen Schritt zu belohnen. Dieses Loslassen und Belohnen motiviert das Pferd, beim nächsten Mal nicht ganz so gegenzuziehen. Anschließend gehen wir auf die andere Seite und wiederholen den Vorgang. Und wieder ist das Timing mit dem Loslassen entscheidend: Das Pferd wird sehr schnell lernen, dass wir lediglich eine Vorwärtsbewegung von ihm fordern, und wird immer rascher auf immer weniger Druck von uns reagieren. Dann ist es an der Zeit, den Winkel langsam wieder nach vorne zu bringen. Auf diese Weise wird auch ein scheinbar dickköpfiges Pferd bald leichtführig werden.

**Manchmal braucht es lediglich ein wenig Druck und gutes Timing beim Loslassen, um ein sehr „büffeliges" Pferd wieder sensibel zu bekommen**

### Pferde, die immer zu schnell oder zu weit laufen

Um ein Pferd beim Führen weicher zu machen, kann man erst einmal üben, nur zu wippen oder einen oder zwei Schritte vor- oder zurückzugehen. Ein Pferd, das immer gleich losläuft, ist mit seinen Gedanken nicht bei der Sache.
Es sind scheinbar Kleinigkeiten, die ich verlange, mal einen Schritt nach hinten oder nach vorne gehen oder auch nur das Körpergewicht vor und zurück wippen. Ich übe das so lange, bis es weicher und leichter geht. Es gibt Pferde, die müssen dies erst lernen, denn sie können lediglich still stehen oder laufen. Das sind Pferde, denen beigebracht wurde, wie ein Automat auf Kommando zu funktionieren. Sie sind nicht mit ihren Gedanken bei mir, sondern warten auf den Befehl. Wenn also das Kommando „Laufen" kommt, schalten sie sofort geistig ab und laufen, und es ist sehr schwer, sie wieder zum Anhalten zu bewegen. Diese Pferde haben mitunter auch einen sehr langen Bremsweg. Wenn ich also übe, nach einem Schritt gleich wieder stehen zu bleiben, dann halte ich das Tier geistig beschäftigt. Daher übe ich erst einmal immer nur einen oder zwei Schritte, um dann gleich wieder anzuhalten, bis ich merke, dass es nach jedem Schritt auf mein Signal wartet. Danach steigere ich langsam die Anzahl der Schritte, so dass es noch in der Lage ist, gedanklich bei mir zu bleiben. Je mehr Zeit ich ihm dazu gebe, umso überzeugender wird später das Ergebnis sein.Genauso kann ich vorgehen, um einen Schritt nach vorn oder hinten zu bekommen. Wichtig ist wie immer, genau in dem Moment lockerzulassen, wenn das Pferd die gewünschte Bewegung beginnt.

1 Dies ist die Ausgangsposition für die Übung, das Pferd mit dem Gewicht wippen zu lassen.

2 Ich stehe vor Dandy, und durch mein Zurücklehnen und durch leichten Zug am Halfter fordere ich sie auf, mit ihrem Gewicht nach vorne zu wippen. Dandy beginnt, ihr Gewicht auf den rechten Vorderfuß zu verlagern.

3 An dieser Stelle lehne ich meinen Körper nach vorne und baue langsam Zug am Halfter auf, um Dandy dazu zu bringen, mit ihrem Körpergewicht auf die Hinterhand zu wippen.

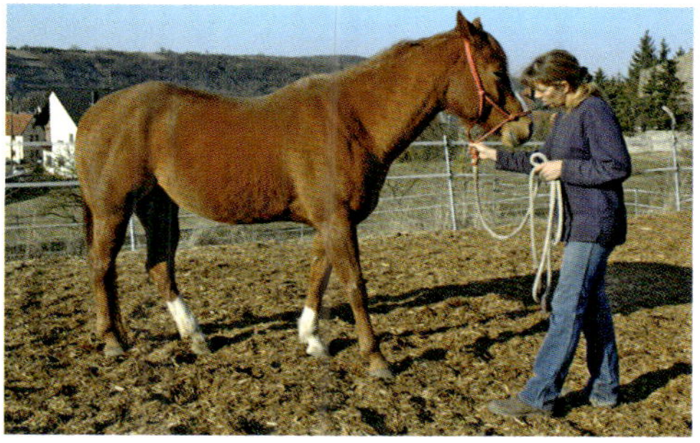

4 Es bedarf nur wenig Spannung am Halfter und Dandy wippt nach hinten. Nach ein paar Wiederholungen wird sie gar keine Spannung mehr benötigen, sondern nur das Lehnen meines Körpers.

Man kann erkennen, wie ich auf Dandy zugehe und den Druck verstärke, bis sie einen Schritt rückwärts geht. Dann löst sich die Spannung.

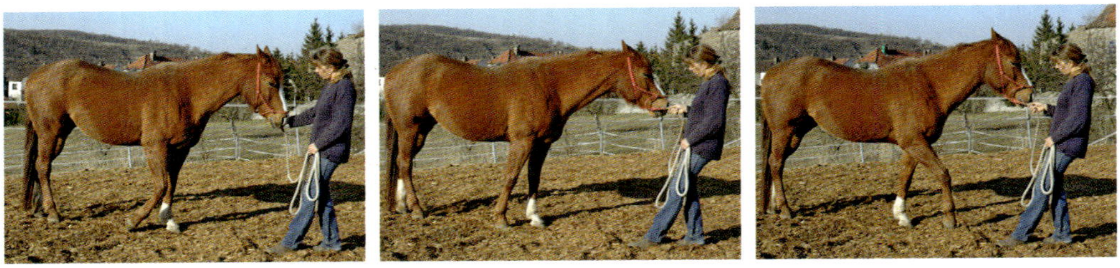

Ich lehne mich zurück und ziehe am Strick, bis sie einen Schritt nach vorne kommt. Auf diese Weise löst sich ebenfalls die Spannung.

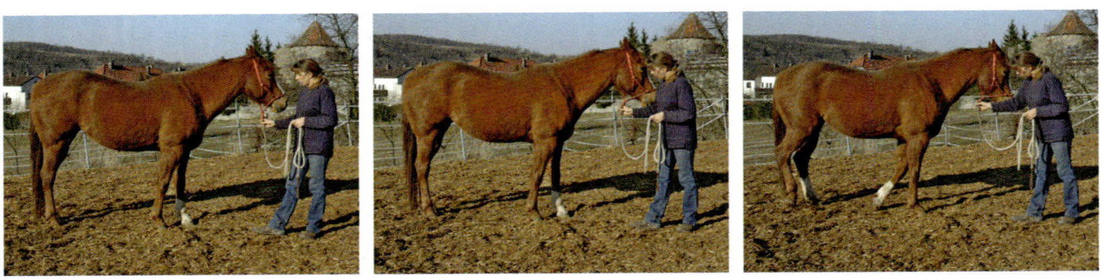

Hier kann man deutlich sehen, wie ich mich Dandy entgegenlehne und Druck am Halfter aufbaue, bis Dandy weicht und somit der Druck am Halfter verschwindet.

### Zu langer Bremsweg

Bei einem langen Bremsweg kann auch die mangelnde Verbindung des Führstricks zur Hinterhand ein Problem sein. Wenn man bedenkt, dass sich der Motor des Pferdes in der Hinterhand befindet, wir es aber vorne am Kopf bremsen wollen, dann müsste die Information bis zum Motor durchdringen. Häufig ist diese Koordination aber leider nicht der Fall. Durch Rückenverspannungen etwa kann es passieren, dass besagte Verbindung regelrecht unterbrochen ist und das Signal erst verspätet oder gar nicht hinten ankommt. Deutlich erkennbar ist dies bei Pferden, die immer schwer auf der Vorhand stoppen, anstatt diese beim Anhalten zu entlasten. Lösungen zu diesem Problem findet man im Kapitel „WWW-Übung".

# Carol und Buck

*Es war einer dieser endlos wirkenden heißen Sonntage im Juni. Ich führte gerade meine wer weiß wievielte Gruppe von Touristen zu Pferd durch den Cherry Creek State Park, meine Lieblingsroute, eine Zwei-Stunden-Tour mit Fortgeschrittenen. Wir konnten daher auch mehr traben und nicht nur im Schritt durch die Wälder ziehen. Die Hälfte der Tour hatten wir bereits hinter uns, als der Weg sich schlängelte und in einen Wald führte. Im Frühjahr herrscht hier immer Hochwasser, und vor allem die Kinder haben einen Riesenspaß, aber nun war alles ausgetrocknet.*

*Ich wunderte mich plötzlich, warum die Pferde etwas aufgeweckter wirkten und manche leise wieherten, als ich schon die Antwort auf mein Erstaunen bekam: Das laute Wiehern eines Pferdes, das wohl unsere Witterung aufgenommen hatte, hallte uns entgegen. Als wir um eine Baumgruppe bogen, sahen wir Carol, eine junge Frau von Mitte zwanzig, die erst seit kurzem ihr Pferd Buck im Paint Horse Stable eingestellt hat. Sie saß am Boden an einen Baum gelehnt, ihr Gesicht war hochrot. Mein erster Gedanke ging dahin, dass sie möglicherweise einen Hitzschlag erlitten hatte. Buck war an einem anderen Baum angebunden und sichtlich aufgebracht darüber, hier ohne Pferdegesellschaft stehen zu müssen. Er begrüßte uns lauthals, als wir aus dem Wäldchen herauskamen und auf die zwei zusteuerten.*

*Carol schien verzweifelt und erschöpft und doch sichtlich froh, uns zu sehen. Sie erklärte mir, dass sie eigentlich mit ihrem zweijährigen Buck einen Spaziergang machen wollte, und solange sie sich vom Stall wegbewegten, schien das auch sehr gut zu klappen, wenn man mal von Bucks leichter Nervosität und gelegentlichem Wiehern auf der Suche nach Pferdegesellschaft absah. Als Carol jedoch umdrehen und sich auf den Heimweg machen wollte, hatte es Buck plötzlich sehr eilig und drängelte kontinuierlich am Halfter. Anfangs versuchte Carol noch gegenzuhalten, aber Buck drückte sich immer stärker dagegen. Ihm ging alles offensichtlich viel zu langsam, und er wollte das Tempo auf dem Nachhauseweg kräftig beschleunigen. Carol versuchte daraufhin, mit ihm rückwärts zu gehen, damit er sie nicht immer überholte, aber auch das half nichts. Ich war erstaunt, denn genau das wollte ich ihr gerade vorschlagen. So wie ich Carols Zustand an diesem Tag einschätzte, würde wohl gar nichts mehr funktionieren, also bot ich ihr an, Buck als Handpferd mit zurück zur Ranch zu nehmen. Leider konnte ich ihr kein Reitpferd anbieten, und da Buck noch nicht eingeritten war, musste sie den Weg zu Fuß zurücklegen. Sie schien sehr erleichtert, dass ich ihr das momentan größte Übel abnehmen würde, und es machte ihr gar nichts aus zu laufen, solange sie Buck nicht führen musste.* »

*Nachdem ich mit meiner Gruppe zu Hause angekommen war und alle Pferde versorgt waren, fuhr ich Carol entgegen, um ihr den letzten Weg zu ersparen. Auf dem Heimweg redeten wir noch einmal über das Ereignis, und ich riet ihr, vielleicht zunächst nicht so weit weg zu gehen und die Kreise um den Stall herum erst langsam zu erweitern. Auf diese Weise könnte Buck sich langsam daran gewöhnen, Carol in dieser neuen Umgebung zu vertrauen.*

*Zwei Wochen später kam die junge Frau auf mich zu und bat um Rat. Sie erzählte mir, dass sie seit zwei Wochen täglich mit Buck spazieren ging, aber immer wenn sie in Richtung Heimat steuerten, würde Buck es plötzlich eilig haben und versuchen, an ihr vorbeizudrängen, um so schnell wie möglich zurück zum Stall zu kommen. Wieder schlug ich ihr vor, ihn rückwärts zu richten, sobald er an ihrer Schulter vorbeigehen wollte, und erneut sagte sie mir, dass sie das konsequent ausführe, aber sich bisher noch kein Erfolg eingestellt habe. Ich wusste mir keinen Rat mehr und bot mich an, sie bei ihrem nächsten Spaziergang mit Buck zu begleiten.*

*Gesagt getan, alles lief problemlos, Buck wirkte entspannt und genoss sichtlich die Bewegung und die Abwechslung. Wir marschierten eine kleine Runde und unterhielten uns über Carols Arbeit, als Buck plötzlich begann, an ihr vorbeizudrängen, und kaum noch zu halten war. Wir waren so in unser Gespräch vertieft, dass uns erst gar nicht auffiel, dass wir uns bereits auf dem Heimweg befanden, aber Buck hatte es bemerkt. Er drängte also an Carol vorbei und sie machte das Einzige, was ihr einfiel, sie richtete ihn immer wieder rückwärts. Sie musste auch etwas Druck am Halfter anwenden, um ihn überhaupt zum Rückwärtsgehen zu bewegen. Buck ging gerade so viel nach hinten, dass er, sobald sie den Druck am Halfter minimal löste, wieder vorwärtsschießen konnte. Also wiederholte Carol das gleiche Spiel.*

*Bei der Beobachtung wurde mir klar, warum Carols Rückwärtsrichten von keinerlei Erfolg gekrönt war. Ich bat sie, es mich einmal versuchen zu lassen, und Carol war erleichtert, den Führstrick abgeben zu können.*

*Ich arbeitete eine Weile mit Buck an der gleichen Stelle, ging mit ihm rückwärts und vorwärts, nur um gleich wieder rückwärts zu gehen. Es dauerte eine Zeit lang, bis er anfing, nicht mehr ganz so schnell nach vorn zu hasten. Und noch etwas länger, bis er in der Lage war, aus dem Rückwärtsgehen stehen zu bleiben und nicht mehr an mir vorbeizuschießen. Wir übten so lange, bis er von sich aus immer anhielt, wenn er mit seinem Kopf an meiner Schulter vorüberkam.*

*Carol schaute zu, konnte aber nicht verstehen, warum er nicht bei ihr genauso reagierte. Um ihr das zu erklären, gab ich ihr Bucks Führstrick zurück und ließ sie probieren. Als sie Buck beim nächsten Mal rückwärts richtete, unterbrach ich sie: „Du lässt seine Beine zwar rückwärts gehen, aber seine Gedanken gehen immer noch nach vorne.*

*Wenn du jetzt loslässt, hast du ihm klargemacht, dass er nach vorne schießen kann." Sie sah mich verständnislos an. „Das Nachgeben oder Loslassen des Drucks sagt deinem Pferd, dass es auf dem richtigen Weg ist. Wenn du den Druck am Halfter dann loslässt, wenn er in Gedanken schon halb zu Hause ist, dann bestätigst du seine Absicht, möglichst schnell nach Hause zu kommen. Du richtest ihn zwar rückwärts, aber er denkt nach vorne zu den anderen Pferden. Das erkennst du an der Art und Weise, wie er rückwärts geht, er stoppt nach jedem Schritt, geht nicht flüssig und gleichmäßig, und du musst dir jeden Schritt rückwärts erarbeiten. Versuch doch mal den Druck ein klein wenig zu steigern und erwarte von ihm, dass er flüssig rückwärts geht. Wenn du dann spürst, dass er von sich aus einen Schritt rückwärts macht und es seine Entscheidung war, dass der Druck am Halfter nachgelassen hat, weil er ein bisschen mehr Ehrgeiz in seinen Rückwärtsgang gesteckt hat, dann lass den Strick locker. Somit belohnst du ihn, wenn er nicht nur mechanisch rückwärts geht, sondern dies auch in Gedanken vollzieht. Daraus kann er Schlüsse ziehen und lernen, was du wirklich von ihm willst. Du musst seine Gedanken, also die Absicht, die er hat, belohnen und fördern, nicht nur das Pferd als Körper sehen, den man herumschieben muss."*

*Carol hat etwas Übung gebraucht, dieses Gefühl für die Gedanken des Pferdes zu entwickeln, aber je näher sie der Sache kam, umso weicher und ruhiger hat Buck auf sie reagiert, und zum ersten Mal kamen die zwei genauso entspannt und glücklich von ihrem Spaziergang zurück, wie sie ihn begonnen hatten.*

# 7 *Pferdegymnastik*

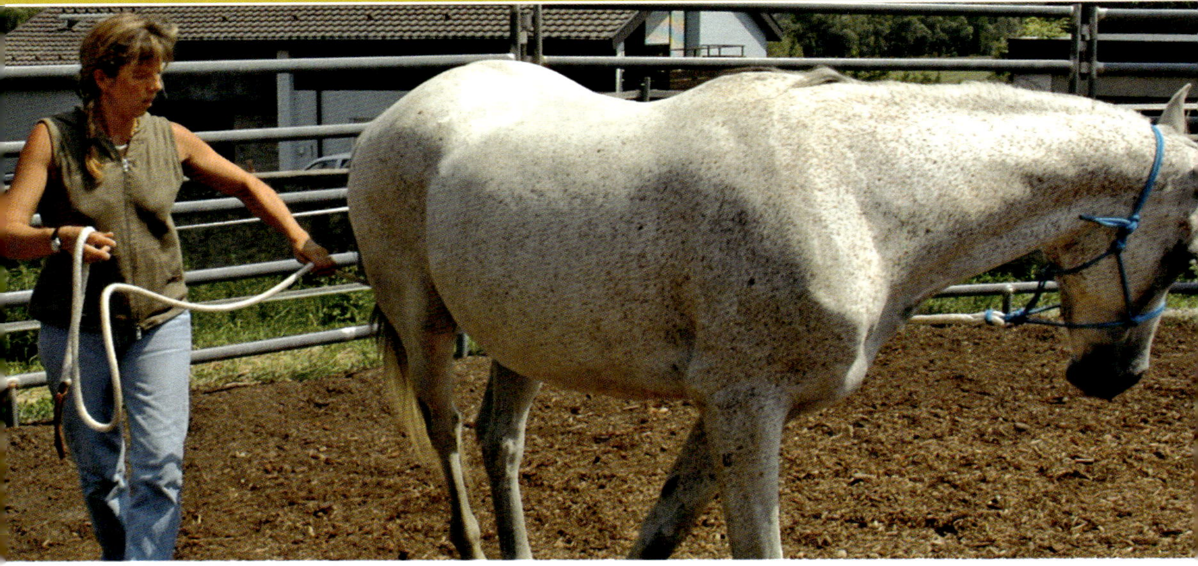

*Pferde werden nicht mit einem Reiter auf dem Rücken geboren. Wie sollen sie wissen, wie sie uns am besten tragen können? Viele körperliche Probleme des Pferdes, sei es am Rücken oder an den Beinen, resultieren aus einer falschen Körperhaltung während des Reitens. Gelegentliche leichte Übungen und eine korrekte Haltung des Reiters können dem vorbeugen.*

# Vom Irrtum des Muskulaturtrainings

Dieses Kapitel soll einen kleinen Einblick in die Anatomie des Pferdes geben. Ich möchte aber hinzufügen, dass ich mir das Wissen von Dr. Deb Benett angeeignet habe, die in Amerika auf diesem Gebiet absolut führend ist. Ihr Verständnis für die Anatomie des Pferdes und wie der Reiter darauf einwirkt, ist einzigartig. Deshalb kann ich ihre Werke zu diesem Thema nur empfehlen. Auch das Buch „Finger in der Wunde" von Dr. Gerd Heuschmann gibt einen genauen Einblick in die Materie. In diesem Buch möchte ich lediglich auf ein großes Missverständnis hinweisen, das allerdings weit verbreitet ist. Es geht um die Benutzung der „falschen" Muskulatur im unteren Bereich des Pferdehalses und um die fälschlicherweise aufzubauende Muskulatur des Pferderückens.

**Einen entspannten Muskel kann man nicht zerren!**

Viele Reiter sind der Meinung, die untere Halsmuskulatur ist verantwortlich für die hohe Kopfhaltung des Pferdes. Diese Behauptung ist jedoch falsch. Tatsache ist, dass die Muskulatur im oberen Bereich des Halses und Rückens für eine erhöhte Kopfhaltung sorgt:

Der Hals ist die Verlängerung der Wirbelsäule und besteht aus einer Serie von Wirbeln, die in einer S-Form angelegt sind. Diese Wirbel sind in etwa der Mitte des Halses angeordnet und kommen nur kurz hinter den Ohren des Pferdes (Genick) näher an die Mähne (siehe Abbildung unten).

Die Bewegung und Form des Halses wird von verschiedenen Muskeln kontrolliert, die vom Genick bis zur Basis des Halses angebracht sind. Um dies besser verstehen zu können, hilft es, sich zwei Muskelgruppen vorzustellen. Eine dieser Muskelgruppen läuft am unteren Teil des Halses entlang (unterer Muskel) und die andere Gruppe am oberen Teil (Top-Muskel). Diese Muskelgruppen folgen entgegengesetzten Reaktionen, sie wirken durch Zusammenziehen. Der Hals verändert also seine Position und sein Aussehen, wenn eine dieser Muskelgruppen sich anspannt und die andere entspannt. Eine angespannte Top-Muskulatur hebt den Hals an, während eine angespannte untere Muskulatur den Hals senkt und wölbt.

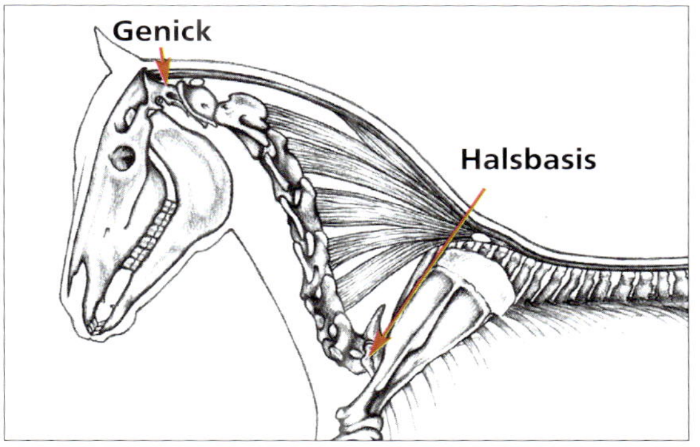

©Kaja Möbius, entnommen aus „Finger in der Wunde", Wu Wei Verlag, ISBN 978-3-930953-20-2

Dieser Prozess ist in Wirklichkeit viel komplizierter, ich versuche jedoch, in sehr vereinfachter Form zu erklären, dass es sich um einen Irrtum handelt, wenn man be-

hauptet, durch Aufbau der Muskulatur in der oberen Halshälfte wäre es möglich, das Pferd in der Bewegung abzurunden.
Leider glauben viele Menschen, dass ein Pferd, das „versammelt" oder „am Zügel geht" oder „rund läuft" hierfür die Top-Muskulatur benutzt. In Wahrheit sind es jedoch die Muskeln der unteren Halshälfte, die hierfür verantwortlich sind.
Ganz ähnlich funktioniert die Muskulatur in unserem Arm. Beugen wir den Arm, so beanspruchen wir hierfür den Bizeps, der sich zusammenzieht. Um den Arm zu strecken, ist es nötig, dass sich der Bizeps entspannt, damit sich der Trizeps anspannen kann.
Soll der Hals des Pferdes also nach unten abgerundet werden, ist es notwendig, die untere Halsmuskulatur zu trainieren und die obere hierfür zu lockern.

**Rückenbeurteilung**

Um ein weiteres Missverständnis bezüglich der Muskulatur des Pferdes aufzuklären, möchte ich auch die Rücken- und Bauchmuskulatur ansprechen. Bei frisch eingerittenen Pferden wird oft die Behauptung aufgestellt, diese Pferde müssten noch Rückenmuskulatur aufbauen. Auch bei Sattelanproben fällt oft die Aussage, um eine bessere Passform des Sattels zu gewährleisten, müsse die Rückenmuskulatur trainiert und aufgebaut werden. Trainer diskutieren die Oberlinie des Pferdes und stellen irrtümlicherweise fest, dass eine gut trainierte Rückenmuskulatur eine große Rolle bei der Versammlung spielt. Auch diese Behauptungen entsprechen nicht den Tatsachen, und ich hoffe hiermit einige Irrtümer auszuräumen. Eine stark trainierte Rückenmuskulatur ist ein großes Hindernis bei dem Versuch, eine korrekte Versammlung zu erreichen.
Hierzu sollte man sich die Rückenmuskulatur des Pferdes (wieder in vereinfachter Form) vor Augen führen: Links und rechts der Wirbelsäule, befindet sich der lange Rückenmuskel (Abb. links), der an der Halswirbelsäule (Basis des Halses) und an den Hüftknochen angebracht ist.

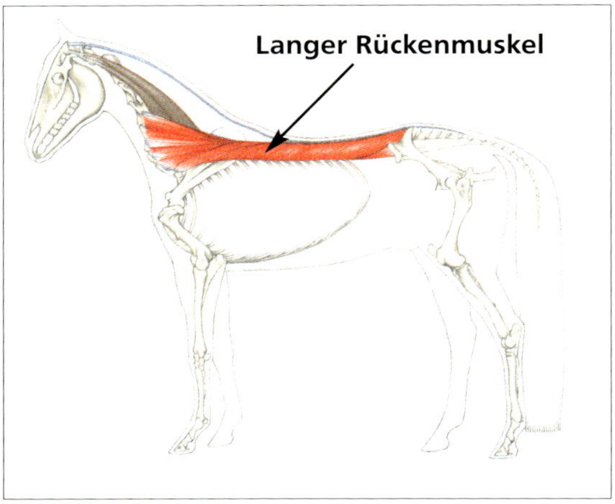




Korrektes Versammeln bedeutet, die Bauchmuskulatur ist aktiviert, der Rücken und die Unterseite des Halses heben sich, die Hinterhand tritt weiter unter. Dadurch verlagert das Pferd das Gewicht von der Vorhand auf die Hinterhand, und der gesamte Bewegungsablauf wird somit abgerundet. Eine stark ausgeprägte oder angespannte Toplinie würde jedoch zu einem Durchdrücken des Rückens führen Dies wäre sehr hinderlich bei dem Versuch, mit der Hinterhand unterzutreten.

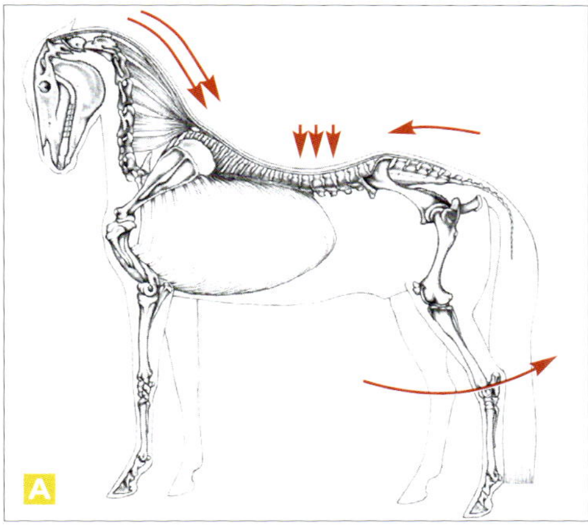


Dieses Pferd ist verspannt, der Hals verkürzt sich dadurch, der Rücken senkt sich und die Hinterhand kann nun nicht mehr untertreten. Oft sieht man hierbei auch eine hohe Schweifhaltung. Die Gänge wirken hart und schwer.

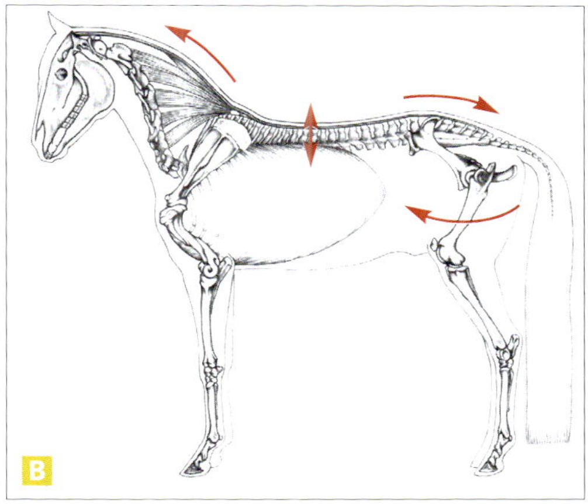


Dieses Pferd hat trotz seiner aufgerichteten Kopfhaltung keinerlei Verspannung, der Rücken kann auf und ab schwingen, und ab der Kruppe sinkt das Pferd ab, somit kann die Hinterhand weit unter das Pferd nach vorne treten. Dies ist wünschenswert, da es für langes körperliches Wohlbefinden beim Pferd sorgt und außerdem weiche, geschmeidige Gänge verspricht.



Woran erkennt man nun, dass ein Pferd über eine zu stark ausgeprägte Rückenmuskulatur verfügt?
Auch hier gibt es Missverständnisse! An manchen Pferden kann man die Muskelpartien links und rechts der Wirbelsäule gut erkennen, andere Pferde wiederum sind an dieser Stelle eher flach und hart. Mit zunehmendem Alter zeigt sich hier auch ein Senkrücken (der übrigens durch zu stark trainierte Rückenmuskulatur entstehen kann).
Ein weiteres Beispiel, um diesen nicht ganz unkomplizierten Vorgang zu verdeutlichen: Die Rückenmuskulatur des Pferdes wird durch Training nicht größer wie etwa der Bizeps, sondern eher flach und hart wie z.B. unsere Bauchmuskeln. Sind diese untrainiert, so wirken sie füllig und weich. Je mehr man sie jedoch trainiert, umso flacher und härter werden sie.
Hat man diese Tatsache erkannt, kann man verstehen, warum ein Laie beim Anblick einer gelösten und entspannten Rückenmuskulatur die Behauptung aufstellt, die Toplinie sei „gut bemuskelt“. Einem Profi, Reitlehrer, Sattelverkäufer oder Trainer dürfte so etwas jedoch nicht passieren.

**Wie bekommt der Rücken Stabilität, wenn die Muskeln entspannt sind?**
Beginnend am Genick des Pferdes bis hin zum Sprunggelenk und der Schweifspitze, befindet sich eine Anzahl von miteinander verbundenen Sehnenbändern

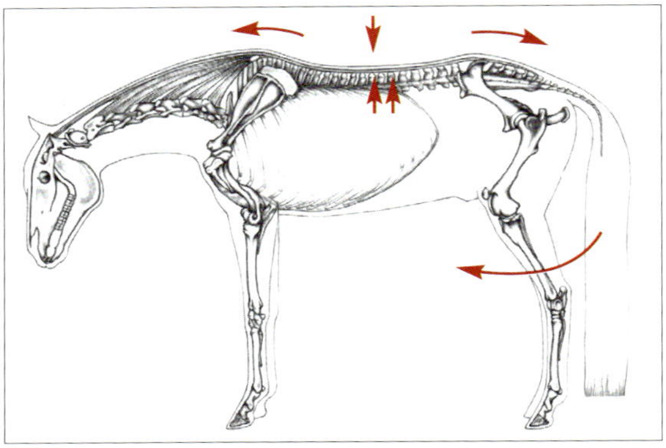



**Dieses Pferd geht in der Vorwärts-Abwärts-Haltung, einer sehr guten Position zum Dehnen der Oberhalslinie und des langen Rückenmuskels, um diesen frei beweglich zu halten.**

und mit Sehnen versetzte Muskulatur. Das Pferd hat als einziger Einhufer dieses System der elastischen Sehnen und kabelartigen Muskeln, die über eine derartige Länge angebracht sind. Durch „Ziehen" eines jeglichen Endes (Kopf senken oder Hinterhand untertreten) erfolgt eine Anhebung des Rückens.

Dieses System kann man sich wie ein Gummiband vorstellen, das am Genick und am Sprunggelenk befestigt ist und an der Wirbelsäule entlangläuft.

Hebt das Pferd den Kopf, lockert sich das Gummiband, und die Stabilität des Rückens lässt nach. Durch Absenken des Kopfes und Abrunden des Halses spannt sich das Gummiband an und verleiht dem Pferderücken die nötige Stabilität.

**Wie trägt das Pferd Gewicht?**

Um in der Lage zu sein, zusätzliches Gewicht zu tragen, oder wenn sich das Pferd in Bewegung setzt, benötigt es mehr als nur stabile Sehnen. Durch das Anspannen der Bauchmuskulatur und Entspannen der Rückenmuskulatur schafft es das Pferd, den Rücken zu heben, um der Hinterhand das Untertreten zu ermöglichen.

**Ein Tänzer, der mit Peitsche und Stachel zur Bewegung gezwungen wird, ist auch nicht schöner als ein Pferd, das gleichermaßen behandelt wird**

Abb. B (S. 123 oben) zeigt ein Pferd, dessen Toplinie entspannt und die Bauchmuskulatur aktiviert ist. Der Rücken ist gewölbt und die Hinterhand kann gut untertreten. Die obere Linie des Pferdes ist abgerundet.

Hingegen arbeitet das Pferd in Abb. A (S. 123 oben) hauptsächlich mit der Rückenmuskulatur, hierdurch senkt sich der Rücken, und es ist dem Pferd nicht möglich, mit der Hinterhand korrekt unterzutreten. Weiterhin zeigt sich deutlich, wie durch die angespannte und somit sich zusammenziehende Muskulatur in der Toplinie Kopf und Schweif in die Höhe „gezogen" werden. Die erwünschte Wölbung ist also genau gegensätzlich! Rückenverspannungen und Senkrücken sind die unangenehmen Folgen.

Das Ziel jeder Reitweise und Gymnastisierung des Pferdes sollte die Stärkung der Bauchmuskulatur und Dehnung der Rückenmuskulatur sein. Ein Pferd, das über starke Bauchmuskeln verfügt, ist in der Lage, die natürliche Versammlung zu erreichen, verfügt über einen geschmeidigen Gang und kann seinen Reiter problemlos tragen.

# WWW-Übung

Diese ist eine meiner Lieblingsübungen, die aber wider Erwarten nichts mit dem Internet zu tun hat.
Die drei W´s stehen für Weichen, Wippen, Wenden:
Weichen der Hinterhand.
Wippen des Gewichts auf die Hinterhand.
Wenden der Vorhand in die andere Richtung.

**Vielseitige gymnastische Übung**

Sie ist also unter anderem eine gymnastische Übung und als solche sehr vielseitig: Ich lockere die Hinterhand und verbinde sie mit dem Führstrick, was zur Folge hat, dass ich eine Durchlässigkeit von vorne (Halfter) bis nach hinten (Hinterhand) erreiche. Mögliche Blockaden im Rücken durch Muskelverspannungen können hiermit gelöst werden. Der Lange Rückenmuskel wird gedehnt und gelockert, auch damit werden Verspannungen gelöst.
Außerdem lernt das Pferd, die Vorhand zu entlasten, indem es immer wieder dazu aufgefordert und erinnert wird, das Gewicht nach hinten auf die Hinterhand zu verlagern. Dies ist nicht nur körperlich sehr wichtig, sondern hilft dem Pferd auch zu lernen, den persönlichen Bereich des Trainers zu respektieren und nicht zu aufdringlich zu sein.
Letztendlich dehne ich auch die Vorhand für seitliche Bewegungen, was sehr zur Lockerung des gesamten Bewegungsapparates dient.
Abgesehen von den vielen Gymnastik-Aspekten, ist diese Übung auch grundsätzlich äußerst abwechslungsreich und wertvoll.

**Ein Trainer benutzt ein Programm, um Pferde zu trainieren. Ein Horseman passt seine Ausbildung dem individuellen Pferd an**

**Alternativen**

Nicht immer habe ich die Möglichkeit, in einem Round-Pen zu arbeiten. Fahre ich beispielsweise mit meinem Pferd auf ein Turnier oder eine Messe und lade es aus dem Anhänger, ist die Aufregung erst mal groß: fremde Gerüche, unzählige neue Eindrücke, seltsame Geräusche. Da kann es durchaus passieren, dass ein Pferd, sonst die Ruhe selbst, einmal etwas außer sich gerät. Die WWW-Übung hilft dem Tier, in etwas Vertrautem Sicherheit zu bekommen. Hierzu brauche ich keinen großen Platz, sondern kann es auf jedem Weg oder einer kleinen Wiese praktizieren. Durch die Dehnung des Langen Rückenmuskels schafft es mein Pferd schneller, wieder den Kopf zu senken und die Anspannung zu lösen. Durch die Aufforderung, seine Gedanken in bestimmte Richtungen zu schicken, gelingt es ihm, diese zu ordnen und sich auf das Wesentliche zu konzentrieren. Nun kann sich das Pferd sammeln und zur Ruhe kommen.

Pferde, die etwas „büffelig" scheinen, macht diese Übung viel sensibler und bewusster in ihrer Bewegung. Auch schwerfällig wirkende Pferde können dank dieser Übung wieder sehr leichtführig und sensibel auf ihre Menschen reagieren.

### 1. Lenken von Gedanken

Anders als wir Menschen sind Pferde immer von Grund auf ehrlich. Wir Menschen können jemandem in die Augen sehen und uns mit ihm unterhalten, aber im Geist

**1** Ich schaue in die gewünschte Richtung und konzentriere mich auf einen Punkt, von dem ich möchte, dass Buddy ihn anschaut.

**2** Ich bringe die halfterführende Hand in die gewünschte Richtung, um Buddys Kopf dahin zu lenken. Eventuell zupfe ich leicht am Strick, um ihn deutlicher aufzufordern.

**3** Buddy missversteht mich und läuft los. Ich korrigiere ihn, indem ich ihn wieder rückwärts zur Ausgangsposition schicke.

**4** Manchmal genügt das bereits und Buddy bringt seine Aufmerksamkeit in die von mir gewünschte Richtung.

**5** Wenn es aber nicht ausreicht, verstärke ich, indem ich meinen Finger anlege. Ich achte darauf, dass ich meinen Finger nicht zum Schieben benutze, sondern nur sanft antippe.

**6** Ich gebe erst dann nach, wenn Buddy wirklich mit seinen Gedanken dort ist und sein Kopf nicht, sobald mein Finger weg ist, zurückschnalzt. Danach darf er zurückkommen und wird gestreichelt.

ganz woanders sein. Pferde können das nicht. Wo ein Pferd hinschaut, dort sind auch seine Gedanken.
Im Pferdetraining ist es sehr wichtig zu wissen, wo sich die Gedanken des Pferdes befinden, denn ein Pferd kann nur dann etwas von uns lernen, wenn es voll bei uns ist. Unser erster Schritt für diese Übung besteht also darin, die Gedanken des Pferdes lenken zu können. Gelingt uns dies, fällt es viel leichter, auch dessen Beine und den Rest des Körpers hinterherzuschicken. Ungleich schwieriger wird es, ein Pferd in eine Richtung bringen zu wollen, wenn sein Geist ganz woanders sind.

**! Es ist wichtig, dies in beiden Richtungen mehrmals zu üben, bevor ich zum nächsten Schritt der Übung gehe.**

**2. Beine hinterherschicken**
Fällt es mir leicht, die Gedanken immer wieder in andere Richtungen zu bringen und wieder zu mir zurückzuholen, kann ich nun beginnen, die Gedanken in eine Richtung zu lenken und dann die Beine hinterherzuschicken.

7 Sind die Gedanken nun in der gewünschten Richtung, baue ich mit der anderen Hand Energie auf, indem ich sie mit dem Strick auf Höhe der Schulter hinauf- und hinunterbewege. Das Pferd muss dabei nicht berührt werden. Gleichzeitig laufe ich direkt auf die Schulter bzw. Brust zu. Das Pferd soll vor mir weichen, ich laufe ihm geradlinig entgegen. Während des ganzen Vorgangs muss ich dafür sorgen, dass die Gedanken in der vorgegebenen Richtung bleiben.

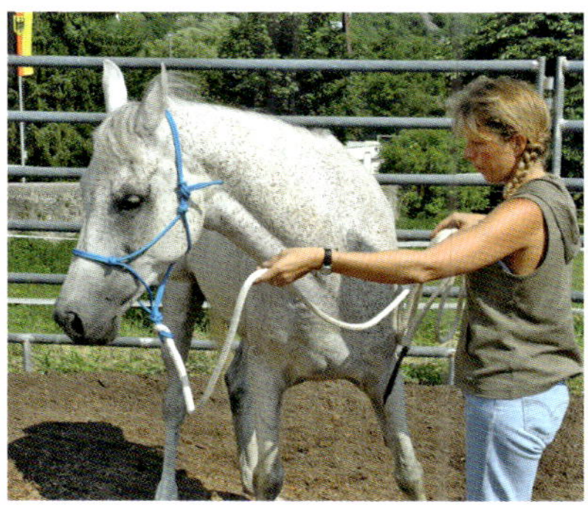

8 Nun soll Buddy seitlich vor mir weichen und sich in Bewegung setzen.

9 Buddy läuft um mich herum in einem Kreis, hierbei arbeite ich an der korrekten Biegung, damit ich die Rückenmuskulatur auch dehnen kann.

10 Meine Fußspitzen deuten auf die Sattelgurtlage, und ich achte darauf, dass ich immer nach vorn übertrete, nicht nach hinten.

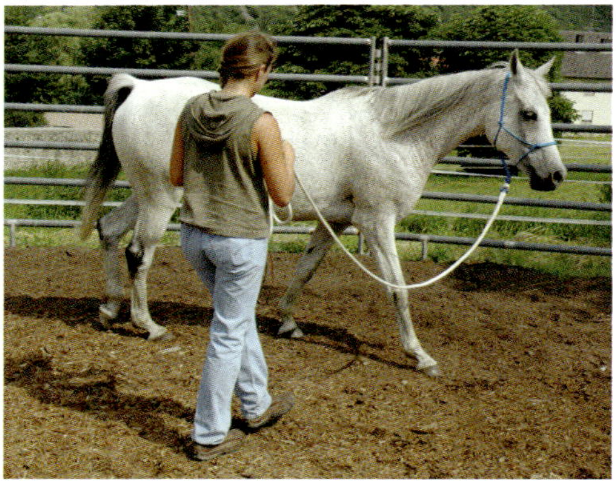

11 Ich laufe einen sehr kleinen Kreis, drehe mich eigentlich fast um die eigene Achse, damit sich mein Pferd extrem biegen muss. Nur dann erreiche ich eine Dehnung in der Rückenmuskulatur und somit eine Gymnastizierung.

Häufig treten Probleme auf, wenn sich das Pferd nicht biegen kann. Das erkennt man daran, dass immer Zug am Strick besteht und das Pferd dadurch mehr nach außen drängt oder dass der Abstand der Hinterhand zu mir näher ist als der von Schulter und Kopf. Man versucht in der Folge, den Kopf hereinzuziehen, damit er näher bei mir ist und das Pferd nicht hinausdrängt. Die eigentliche Ursache wird oft verkannt. Sie liegt in der Hinterhand, die die Vorhand nach außen schiebt, weil der Rücken zu steif ist. Man muss also die Hinterhand hinausbringen und nicht die Vorhand hereinziehen.

**Wenn die Biegung ausbleibt:** Man zieht den halfterführenden Strick kurz, aber nicht ruckartig in Richtung Hüftknochen, um durch die Rückenmuskulatur eine Veränderung und Lockerung zu schaffen. Dies führt man gerade so lange durch, bis die Hinterhand einen Schritt nach außen weicht. Anschließend setzt man den normalen Kreis fort.

### 3. Wippen des Gewichts auf die Hinterhand

**12** Hierbei ist es wichtig, dass wir als Erstes den Strick in der Hand wechseln ...

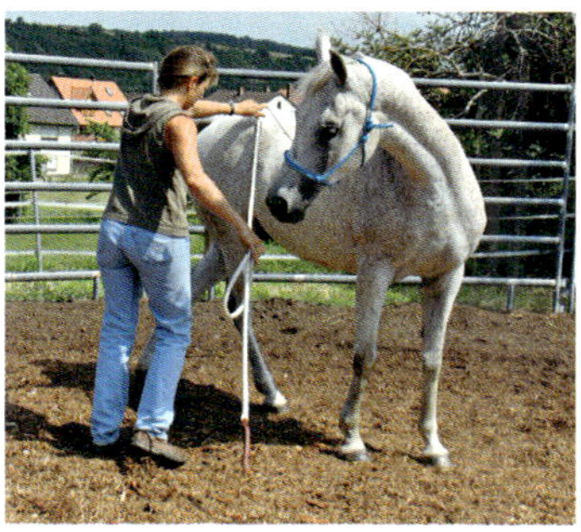

**13** ... dann unseren Winkel zum Pferd verändern. Wir laufen nun in Richtung Hinterhand, und unsere halfterführende Hand zieht in Richtung Hüftknochen. Dies hat zur Folge, dass der Zug vom Halfter durch den Rücken zur Hinterhand geht. Somit verbindet man das Halfter mit der Hinterhand, lockert die Rückenmuskulatur und erhält mehr Durchlässigkeit

**14** Die Hinterhand weicht nun und setzt dabei unter. Das Pferd beginnt das Gewicht auf die Hinterhand zu verlagern.

### 4. Wenden in die andere Richtung

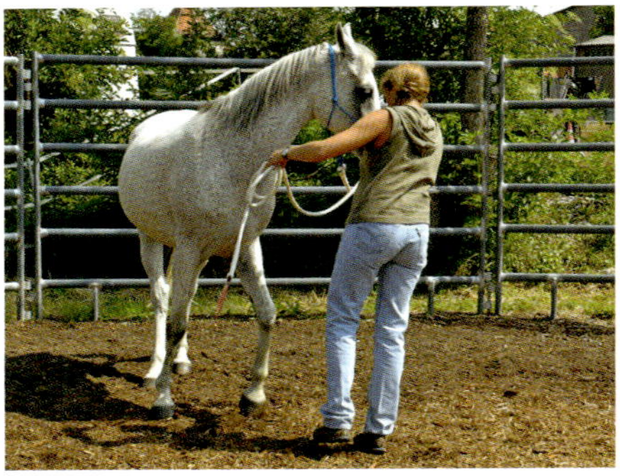

**15** Sobald das Pferd sein Gewicht nach hinten verlagert, helfe ich ihm vorne mit der anderen Hand an mir vorbei, indem ich durch Auf-und-ab-Bewegen der Hand an der Schulter Energie gebe. Dabei verändere ich meinen Winkel und laufe nun immer auf die Brust des Pferdes zu. Das Pferd lernt auf diese Weise, sich durch Wippen nach hinten genügend Platz zu schaffen, so dass es an mir vorbeikommt, ohne mich anzustoßen. Dies lehrt es, Respekt vor seinem Führer zu haben und die Vorhand zu entlasten. Außerdem gymnastiziert es die Vorhand, weil die Vorderbeine zur Seite gedehnt werden.

**16** Der Wechsel ist komplett.

## Ergänzung, Verfeinern als Zusätze der WWW-Übung

### Anhalten über die Hinterhand

**1** Ich bleibe ruhig stehen.

**2** Buddy kommt zu mir herein, hier steuert hauptsächlich die Vorhand.

**3** Ich möchte aber auch in der Lage sein, ihn über die Hinterhand zu steuern, dadurch bringt er wieder mehr Gewicht auf die Hinterhand und lernt, die Vorhand zu entlasten. Ein seitliches Weichen der Vorhand ist in dieser Situation einfacher.

Das Pferd soll jederzeit anhalten können, wenn ich im Kreis ruhig stehen bleibe, daran kann ich erkennen, ob das Pferd immer noch aufmerksam ist oder ob es einfach sein Programm auswendig abspult.

### Wenn's mal schiefgeht

Eine Korrektur ist angebracht, wenn das Pferd die Hinterhand nicht mit umsetzt und schräg zu mir stehen bleibt. Hierbei sollte man darauf achten, dass wir nicht am Strick ziehen, sondern erst einmal einen optischen Druck aufbauen.

1 Buddy kommt nicht mit der Hinterhand herum.

2 Mein Finger macht Druck auf die Hinterhand.

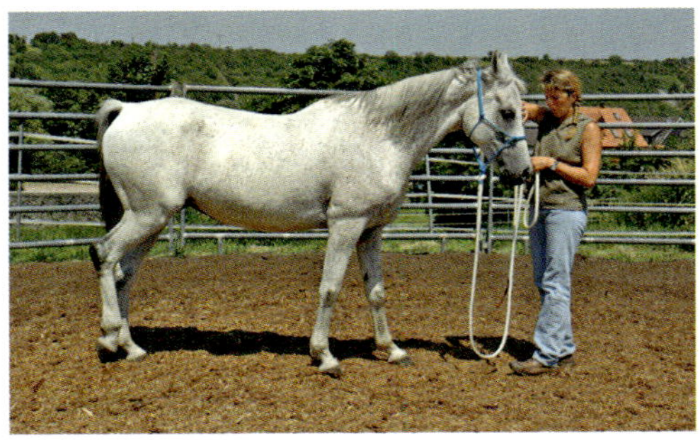

3 Er setzt um und steht nun gerade zu mir.

**Folgende Bildreihen zeigen die gleiche Übung, aber diesmal mit Körpergewicht:**

1 Ich stehe still, Buddy läuft weiter, also lehne ich mich in Richtung Hinterhand und baue so Druck auf.

2 Ein Schritt von mir Richtung Hinterhand bringt den erwünschten Erfolg. Buddy weicht mit der Hinterhand aus.

# Biegeübung mit Seil

Diese Übung gymnastiziert das Pferd vor allem im Rücken und bringt ihm ebenfalls bei, Gewicht auf die Hinterhand zu bringen und diese verstärkt einzusetzen.

**1** Ich bringe den Strick auf der mir gegenüberliegenden Seite nach hinten und stehe neben der Hinterhand. Das Seil liegt hinten an den Beinen an. Als Voraussetzung hierfür gilt, dass das Pferd gewohnt ist, Seile an den Beinen zu spüren (siehe Kapitel „Aussacken").

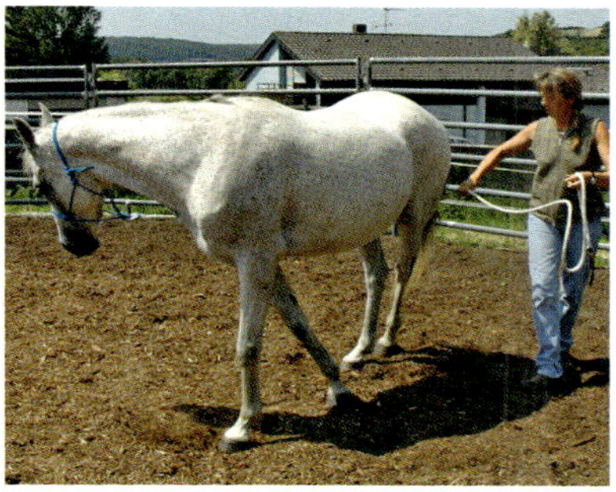

**2** Ich ziehe jetzt nach vorne, das Pferd spürt den Zug auf der entgegengesetzten Seite. Hierdurch lernt es, auf den Zug nachzugeben, auch wenn er nicht mit mir zu verbinden ist. Der Druck hinten an der Hinterhand hilft ihm, das anfangs besser umzusetzen (später wird der Strick weiter nach oben genommen und kommt dadurch immer näher in die Position, in der er auch als Zügel vom Sattel aus fungiert). Das Pferd soll loslaufen und die Hinterhand an mir vorbeibringen.

**3** Ich muss währenddessen am Strick immer nachgreifen, damit die Spannung gleich bleibt, und wenn Buddy an mir vorbei ist, auf die Hinterhand (wie bei Hinterhand herein) zulaufen. Mit der halfterführenden Hand ziehe ich so lange auf die Hüftknochen, bis Buddy die Spannung löst und mit seinem Gewicht auf die Hinterhand wippt.

**4** Wenn sein Gewicht nun auf der Hinterhand liegt, entferne ich mich rechts oder links, um seine Vorhand seitlich zu dehnen. Man erkennt, wie weit die Vorhand austreten soll, um wirklich gut gedehnt zu werden. Dies ist nur möglich, wenn sich das Gewicht wirklich eindeutig auf der Hinterhand befindet.

**5** Nun laufe ich nach vorne weg, damit er lernen kann, seine Hinterhand auch im Vorwärts besser mit einzusetzen.

Auch eine Dehnung in der Vorhand wird hier erreicht. Außerdem hilft die Übung, das Pferd auf die Anwendung des Zügels vorzubereiten, weil beim Reiten der Zug plötzlich von einem anderen Winkel kommt, als wenn ich vom Boden aus arbeite. Es ist sinnvoll, das Pferd darauf vorzubereiten, damit es dann weiß, wie es reagieren soll.

### Vorbereitung fürs Gerittenwerden

**1** Der Strick wird nicht mehr hinten um die Beine gelegt, sondern weiter oben, um sich nach und nach an die Sattellage vorzuarbeiten. Somit lernt das Pferd, langsam diesen Zug umzusetzen und zu reagieren. Dies bereitet ihn kontinuierlich auf die Zügelhilfe vor. Der Ablauf bleibt gleich, wenn das Pferd auch mit der Hinterhand an mir vorbei ist.

**2** Hier ist der Winkel noch weiter vorne, schon beinahe auf der Höhe, aus der ich die Zügel handhabe, wenn ich im Sattel sitze.

**! All dies sind einfache Übungen, zu denen man keinen Round-Pen braucht. Ein paar Minuten pro Wochen reichen aus, um das Pferd biegsamer und elastischer zu machen. Sie helfen dem Pferd, sich zu dehnen und die richtigen Muskelgruppen zu aktivieren, auch sind sie vorteilhaft für ein sensibleres Pferd, unterstützen geschmeidigere Gänge und wirken sehr positiv auf ein „Gesamt-Handling" des Pferdes.**

**Erzählung von Manfred Stoll**

# *Raschid – das Pferd, das keiner haben wollte*

*Auf der Suche nach einem Pferd, entdeckte ich in der Zeitung eine Anzeige: „Friese zu verkaufen.“ Da mir ein großes, stämmiges Pferd vorschwebte, fuhr ich hin und schaute es mir an. Aber irgendwie gefiel mir der Friese nicht. Er war zu ruhig. Nicht nur groß, sondern auch spritzig sollte mein zukünftiges Pferd sein. Doch in demselben Stall befand sich noch ein zweites Pferd. Es stand ganz allein da, alle anderen Pferde waren draußen auf der Weide. Dieses einsame Tier – ich schätzte es war ein Arabo-Haflinger – machte einen sehr unruhigen, ja nervösen Eindruck auf mich. Sein Fell war verschwitzt, und er webte in der Box hin und her.*

*Irgendwie hat dieses Pferd mein Interesse geweckt, also bat ich die junge Frau, die mich empfangen hatte, mir dieses Tier näher anschauen zu dürfen. Sie führte das Pferd, sein Name war Raschid, aus dem Stall und erzählte mir kurz seine Geschichte. Ich fragte, ob es zu verkaufen sei. Die Frau entgegnete, es gebe sowieso niemanden, der Raschid kaufen wolle. Man könne nämlich mit dem Pferd nicht reiten. Ich wurde neugierig: „Warum denn nicht?“ Ihre Antwort: „Wir haben schon alles probiert. Sieben verschiedene Trensen, mit gebrochener Trense, mit Kandare und mit allem Drum und Dran.“ Ich aber ließ mich nicht entmutigen, schließlich war ich vom Fach und kannte mich mit Pferden aus.*

*Um zu prüfen, wie das Pferd reagiert, führte ich es in einen Round-Pen. Ich legte ihm einfach das Stallhalfter auf und befestigte zwei Zügel ohne Gebiss daran. Dann ließ ich das Pferd im Round-Pen erst einmal ein paar Runden laufen. Schon nach kurzer Zeit schwang ich mich auf Raschid ohne Sattel. Alles lief gut. Er reagierte auch gleich auf „Stopp“ und „Geh“. „Wenn er jetzt schon so ruhig reagiert, kriegen wir das schon hin“, dachte ich. Und weil mir der Friese viel zu ruhig erschien, dachte ich über Raschid und die Worte der Frau nach – den will sowieso niemand kaufen –, und ich sah in ihm eine Herausforderung. Bevor er zum Schlachter kommen sollte, wollte ich es mit ihm versuchen und habe ihn kurzerhand gekauft.*

*Bereits das Einladen erwies sich als äußerst mühsam. Ich wollte dem Besitzer nicht vorgreifen, sondern wartete ab, ob er Raschid in den Anhänger bekommt, obwohl ich schon von Anfang an voraussehen konnte, dass er da nicht mitmachen würde. Nachdem ich ungefähr zehn Minuten lang zugeschaut hatte, bot ich meine Hilfe an. Dieses Spek-* »

*takel wollten sich die Anwesenden nicht entgehen lassen. Der ganze Stall – zu acht standen sie da und schauten mir zu. Vom Gefühl her ganz ruhig, ging ich zu dem Pferd. Raschid suchte Sicherheit bei mir, diese gab ich ihm durch meine Gelassenheit. Beim Einladen versuchte ich ihm Karotten zu reichen, um ihm Zeit zu geben. Raschid schaute die Karotten nicht einmal an, so nervös war er. Trotzdem gelang es mir durch die Ruhe, die ich ausstrahlte, ihm so viel Sicherheit zu vermitteln, dass er nach einiger Zeit in den Anhänger hineinging. Aber, um das gewonnene Vertrauen nicht zu zerstören, begleitete ich ihn gleich wieder heraus. Die Zuschauer waren etwas ratlos und fragten sich, warum ich mich so verhielt. Doch ich wollte das Pferd nicht wieder beunruhigen. Hätte ich gleich beim ersten Mal die Klappe hinter ihm geschlossen, hätte das großen Stress für Raschid bedeutet. Also sind wir wieder aus dem Anhänger ausgestiegen. Ich wartete zwei, drei Minuten und wiederholte die Prozedur. Jetzt folgte mir das Pferd ohne Probleme, denn es hatte Vertrauen zu mir gewonnen. Dann fuhren wir mit ihm nach Hause.*

*Obwohl Raschid ein erstes Vertrauen gefasst hatte, bedeutete es für ihn gewiss keine Spazierfahrt. Als wir zu Hause ankamen, sah man ihm die Aufregung an, denn er war ganz verschwitzt. Ich wollte ihm Zeit lassen, sich an die neue Umgebung zu gewöhnen. Deshalb ließ ich ihn die ersten Tage ganz in Ruhe. Danach versuchte ich, ihn zu reiten. Bei der Gelegenheit musste ich einsehen, dass das nicht so einfach funktionierte, wie ich es mir vorgestellt hatte. Klar, es war alles neu für ihn. Auf dem Platz ging es noch einigermaßen, aber im Gelände ... Ein solches Pferd habe ich bis dahin noch nie erlebt. Sein Verhalten erinnerte an ein scheues Reh! Er hatte Angst vor allen Dingen: einem Schmetterling, der aufflog, einem Mäuschen, das im Gebüsch raschelte. Raschid scheute, schwitzte vor Aufregung. Mir kam in den Sinn, dass er sich womöglich noch nie draußen in der freien Natur aufgehalten hatte. Und allein, ohne andere Pferde, ohne seine Herde, schon gar nicht. Er fürchtete sich einfach vor allem. Ich habe stundenlang – ja tagelang – mit ihm geübt, bis ich ihn so weit hatte, dass wir miteinander wenigstens spazieren gehen konnten.*

*Immer wieder hatte ich nach einigen Wochen probiert, aufzusitzen und im Gelände zu reiten, doch es war zwecklos. Das Pferd duldete niemanden – es war einfach zu nervös.*

*Bis dahin hatte ich geglaubt, dass ich mich mit Pferden auskannte. Früher hatte ich bei anderen Trainern gelernt, aber Raschid konnte mit dieser Methode nichts anfangen.*

*Obwohl ich viel Zeit und Mühe investierte, machte Raschid kaum Fortschritte. Irgendwann war ich mit meinem Latein am Ende. Wahrscheinlich hätte ich aufgegeben, wenn ich Simone Carlson nicht getroffen hätte. Die Mutter von Alina, einem Mädchen, dessen Pferd jetzt auch hier steht, sprach mich eines Tages an: „Du, Manfred, in deiner Nähe gibt es jemanden, der arbeitet auf eine andere Weise mit Pferden. Das musst du dir anschauen.“ Natürlich wollte ich das sofort kennenlernen. Ich fuhr hin und erkundigte mich nach diesem „Geheimtipp“.*

So kam ich zu Simone Carlson. Wir unterhielten uns lange über Raschid. Ich meldete mich zuerst zu einem Sattelseminar an. Danach folgte der Kurs in Bodenarbeit. Simone erzählte mir, dass viele Pferde, die von der Rennbahn kamen, ähnliche Verhaltensweisen an den Tag legten wie Raschid. Und dass es ihr gelungen sei, aus diesen Nervenbündeln wieder ruhige Pferde zu machen. Anfangs war ich etwas skeptisch. Aber die Fortschritte, die Raschid seitdem gemacht hat, zeigen, dass sie Recht hatte.

Bei der Bodenarbeit nach Simones Methode habe ich gelernt, das Pferd als ein individuelles Lebewesen und Partner zu respektieren und mit ihm zu kommunizieren, Rücksicht auf sein Befinden und seine Gefühle zu nehmen. Ich habe verstanden, dass es wichtig ist, dass mein Pferd freudig und freiwillig seine Übungen macht. Nur so ist gewährleistet, dass das Pferd gerne mit mir arbeitet. Erst dann darf ich als Reiter aufsteigen, denn man ist in dieser Funktion eigentlich nur Gast auf dem Pferd. Durch ständiges Gängeln und Nörgeln kann ich mein Pferd zwar auch dazu bringen, eine Aufgabe zu erfüllen. Aber ist es nicht ein viel besseres Gefühl, wenn mein Pferd nach getaner Arbeit mich mit freudig nach vorne stehenden Ohren anschaut und sein eigenes Wesen bleibt? Es ist am Ende der Übungsstunde nicht geknickt und unterjocht, sondern bleibt einfach es selbst.

Ich hatte es mir zur Aufgabe gemacht, aus Raschid ein zuverlässiges Pferd zu machen und dann einen guten Platz für ihn zu finden. Noch immer hatte ich den Wunsch, ein großes Reitpferd zu besitzen, und Raschid war mir einfach zu klein. Sobald Raschid gute Besitzer gefunden hätte, wollte ich mir meinen Traum erfüllen und mir ein großes Reitpferd anschaffen.

Raschid machte gute Fortschritte, und auch wenn ich nicht viel Zeit hatte, nahm er jegliche Aufmerksamkeit dankbar an. Sein Vertrauen zu mir wuchs, und die Bodenarbeit machte ihm sichtlich Spaß. Hin und wieder fragte mich Simone bei einer Lehrstunde, ob ich ihn immer noch verkaufen wolle, und jedes Mal erklärte ich ihr, dass er einfach zu klein für mich sei und ich gerne ein großes Pferd hätte.

Die Zeit verging, und ein weiterer Bodenarbeitskurs stand an. An diesem Wochenende wuchsen wir so zusammen, dass ich mich dazu entschied, ihn am Ende nach Hause zu reiten, anstatt ihn im Anhänger zu fahren. Danach machten wir auch im Gelände mehr und mehr Fortschritte, zwar nur kleine, aber ich habe sie dennoch registriert.

Raschid versucht wirklich alles, um mich zufriedenzustellen. Und ich merke sehr deutlich, wie er manchmal seinen ganzen Mut zusammennimmt und bei mir bleibt, auch wenn er am liebsten davonlaufen würde. Mittlerweile sind wir Hunderte von Kilometern gemeinsam spazieren gegangen, und er geht neben mir her wie ein Hund.

Eines Tages fragte mich Simone wieder einmal, ob ich ihn denn immer noch verkaufen wolle, diesmal war meine Antwort aber anders. Ganz spontan sagte ich: „Seinen Freund »

*verkauft man doch nicht, er mag zwar äußerlich klein sein, aber es steckt ein wahrlich großes Pferd in ihm.*

*Manchmal möchte ich Raschids ehemalige Besitzer einladen, um ihnen zu zeigen, welche Fortschritte er gemacht hat und was dieses Pferd, das niemand haben wollte, inzwischen alles beherrscht. Aber viel wichtiger als eine Demonstration seines Könnens ist mir das zutiefst befriedigende Gefühl, das mich erfüllt, wenn ich mit Raschid arbeite. Es ist nicht entscheidend, ob ich reite oder ob wir „nur" spazieren gehen. Zwischen uns herrscht eine tiefe Verbundenheit. Ich habe einen Freund gewonnen.*

# Danksagung

Das vorliegende Buch ist unter der Mithilfe vieler Menschen und Pferde entstanden. Pferde sind die besten Lehrer, und ein jedes führt einem etwas völlig Neues und Unerwartetes vor. Der Individualität all der Pferde, mit denen ich Kontakt haben durfte, verdanke ich die Vielfalt dieses Buches.

Ich danke meinen Eltern Luise und Dieter Kress, die immer an mich geglaubt haben und mich bei all meinen pferdebedingten Ausbildungen nicht nur moralisch, sondern auch finanziell mit zinsfreien Krediten tatkräftig unterstützt haben. Meinem Mann Kevin Carlson, der gleichzeitig mein größter Fan ist und nie aufgehört hat, mich zu unterstützen. Meiner Familie, die immer wieder gerne als Babysitter zur Verfügung stand, damit ich mich meinem Buch widmen konnte.

Danke an Elke Kropp, die mich nicht nur versteht, sondern auch stets hinter mir steht und mich somit sowohl antreiben als auch bremsen kann, die gemeinsam mit Alina Müller und Bettina Gabel nicht nur die besten Einsteller der Welt sind, sondern auch wundervolle Menschen. Allen dreien liegt das Wohl der Pferde sehr am Herzen, und sie gaben mir nicht nur ehrlichen Input bezüglich mancher Texte und Bilder, sondern auch Zuspruch oder Kritik, wenn es nötig war.

Auch möchte ich die vielen Horsemen wie Harry Whitney, Ross Jakobs, July Carpenter, Dave Genadek, Marv und Lona erwähnen, die gerne ihr Wissen und ihre Erfahrung mit mir geteilt haben.

Ich danke all meinen Schülern, weil sie mich dazu gebracht haben, über Dinge nachzudenken und in Worte zu fassen, die ich zuvor nur intuitiv gemacht habe.

Besonderer Dank gilt meiner Grafikerin Christine Orterer, weil sie mir die Energie zurückgegeben und mir dazu verholfen hat, ein gutes Buch zu machen, als ich eigentlich bereits aufgeben wollte.

Am Schluss noch danke an Scout, Buddy und Contra, meine Pferde, die unterschiedlicher nicht sein könnten und mich immer wieder aufs Neue herausfordern, noch besser zu werden im Sinne des Pferdes.

**Impressum**
Bibliografische Information Der Deutschen Bibliothek
Die Deutsche Bibliothek verzeichnet diese Publikation in der Deutschen Nationalbibliografie. Detaillierte bibliografische Daten sind im Internet über http:://dnb.ddb.de abrufbar ISBN: 978-3-930953-36-3

**Autor:** Simone Carlson, www.ImSinneDesPferdes.de
**Herausgeber:** Isabella Sonntag: www.wu-wei-verlag.com
**Fotos:**
Andrea Fischer: S. 2, 3, 8, 9, 10, 11, 13, 25, 35 (unten) 37, 39, 41, 42, 49, 53
Anna Höpfl: Titel, S. 12, 14, 15, 20, 23, 36, 51(unten), 73, 76, 77, 78
Privat: S. 6, 21, 27, 32, 35 (links oben), 51 (oben), 68, 69, 70, 72, 74, 81
**Zeichnungen:** Christine Orterer, www.christine-orterer.de, www.atelier-orterer.de
**Zeichnungen S. 121, 122, 123, 124:** Kaja Möbius, entnommen aus „Finger in der Wunde", Wu Wei Verlag, ISBN 978-3-930953-20-2
**Lektorat:** Dr. Rita Krajicek
**Art Direktion:** Designatelier Christine Orterer, www.christine-orterer.de
**Druck:** Finidr, s.r.o., Czech republic

# *Weitere Bücher aus dem Wu Wei Verlag*

**FINGER IN DER WUNDE**
von Dr. med. vet. Gerd Heuschmann,
144 Seiten, farbig illustriert,
**ISBN 978-3-930953-20-2,**
**Preis: 24,80 Euro**
**Überarbeitete Neuauflage**

## WEIL DRESSUR NICHT VON DRESSIEREN KOMMT...

Ein Pferd, das vertrauensvoll und freudig mit dem Reiter kooperiert und seine Hilfen akzeptiert: das ist der Beweis höchster reiterlicher Kunst. Leider sind in den Reithallen und im Dressurviereck oft andere Bilder zu sehen: Da wird gezogen und gezerrt nach dem Motto „der Kopf muss runter"; da werden schon junge Pferde aus falschem Ehrgeiz oder Unwissenheit in Formen gepresst, die ihre Gesundheit nachhaltig schädigen können. Viele der dafür verantwortlichen Reiter, Ausbilder und sogar Spitzensportler behaupten, nach „klassischer Lehre" zu handeln. Leider stecken aber längst nicht immer echter Pferdeverstand und klassische hohe Reitkunst hinter ihren Methoden. Aber wie können Reiter und Pferdeliebhaber erkennen, welche Methoden langfristig schaden und welche gesund sind für ihr Pferd?
Dieses Buch gibt Antworten und liefert Argumente für „falsch" und „richtig" in der Reiterei.

**DVD: STIMMEN DER PFERDE**
von Dr. med. vet. Gerd Heuschmann
Länge 75 Min.
**ISBN 978-3-930953-41-7,**
**Preis: 49,90 Euro**

## DER FILM ZUM BUCH

Der Lehrfilm zum Buch, der erstmals in aufwendiger 3-D Animation zeigt, wie Muskeln und der Bandapparat bei falschem Reiten strapaziert werden...
Mit einem Vorwort von Hans-H. Isenbart.

Die gesamte Pferdefilmszene erhält mit diesem Werk neue Inspiration. Alle verantwortlichen Kreativen arbeiten ursprünglich für Kino-Spielfilm-Projekte. So erfährt diese Dokumentation optisch und inhaltlich eine neue Dimension! Dies verdanken wir u. a. den Machern der Visual Effects für den neuen Roland Emmerich-Film „2012" (Firma Pixomondo/Ludwigsburg)

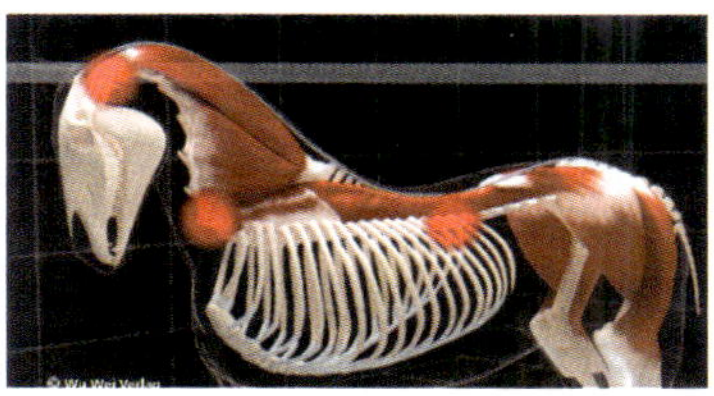

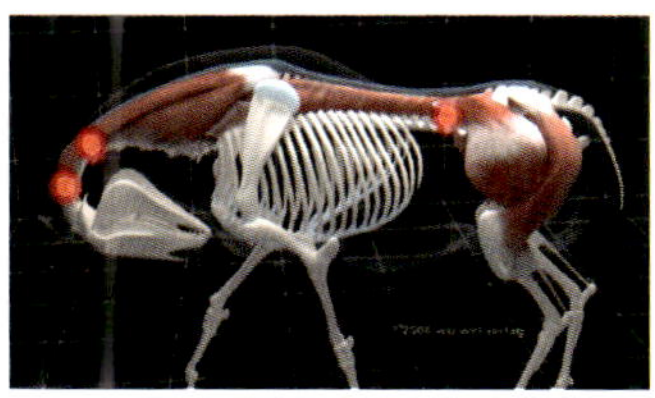

ALLE TITEL ENTNEHMEN SIE BITTE: WWW.WU-WEI-VERLAG.COM

# *Weitere Bücher aus dem Wu Wei Verlag*

**AUS RESPEKT! von Anja Beran**
Kreiert AUS RESPEKT! vor den Pferden.
Med.-wissenschaftl. Aspekte:
Dr. Gerhard Heuschmann, 192 S.,
durchgehend vierfarbig illustriert,
23 x 27 cm,
**ISBN 978-3-930953-14-1,**
**Preis: 68,00 Euro**

**ROLL-KUR – die Überzäumung des Pferdes**
von Prof. Heinz Meyer,
608 Seiten,
**ISBN 978-3-930953-38-7,**
**Preis: 68,00 Euro**

**PIAFFE**
**In 2007 erstmals erschienen.**
**Am Kiosk oder als Abo**
**(zweisprachig dtsch./engl.)**
Erscheinungsweise: 2mal jährlich
Seitenumfang: 112 plus 4
**Abo-Preis inkl. Versand und Porto**
**Inland: 7,00 Euro pro Ausgabe**

**S-DRESSUR**
**VON DANIELA PIOLINI**
vierfarbig illustriert
**Vorwort Philippe Karl**
**ISBN 978-3-930953-23-3,**
**Preis: 19,90 Euro**

**VERHALTEN UND**
**PFERDEAUSBILDUNG**
von Prof. Ulrich Schnitzer,
80 Seiten, vierfarbig,
**ISBN 978-3-930953-37-0,**
**Preis: 28,80 Euro**

**XENOPHON REITKUNST**
Griechisch und deutsch
von Dr. Klaus Widdra
192 Seiten,
**ISBN 978-3-930953-28-8,**
**Preis: 39,90 Euro**

ALLE TITEL ENTNEHMEN SIE BITTE: WWW.WU-WEI-VERLAG.COM

# *Weitere Bücher aus dem Wu Wei Verlag*

**MEIN TIERISCH VERRÜCKTES LEBEN – EINE BIOGRAFIE**
128 Seiten,
**ISBN 978-3-930 953-32-5,**
**Preis: 24,80 Euro**

**ZWEIERLEI LEBEN – Mein schmerzhafter Weg zu wahrer Erkenntnis**
von Timo Ameruoso
124 Seiten,
**ISBN 978-3-930953-22-6,**
**Preis: 24,50 Euro**

**DAS TAO DES EQUUS**
von Linda Kohanov
388 Seiten, s/w,
**ISBN 978-3-930953-21-9,**
**Preis: 26,00 Euro**

**BOTSCHAFTER ZWISCHEN DEN WELTEN**
von Linda Kohanov
296 Seiten, s/w,
**ISBN 978-3-930953-40-0,**
**Preis: 26,00 Euro**

**PFERDE, PERSÖNLICHKEITEN, POESIE**
von Renate Blank, 144 Seiten
**ISBN 978-3-930953-30-1,**
**Preis: Preis: 68,00 Euro**

ALLE TITEL ENTNEHMEN SIE BITTE: WWW.WU-WEI-VERLAG.COM

# *Weitere Bücher aus dem Wu Wei Verlag*

**PFERD & MENSCH**
von Florian Wagner & Karl Forster
27 x 29 cm, 144 Seiten
**ISBN 978-3-930953-31-8,**
**Preis: 48,00 Euro**

**Auch in Englisch erhältlich!**

**LORENZO**
Von Luisina Dessagne & Robin Hasta Luego
Design: Sabine Gistl,
27 x 29 cm, 144 Seiten
4-farbig mit zahlreichen Abbildungen
**ISBN 978-3-930953-33-2 (Deutsch),**
**ISBN 978-3-930953-39-4 (Englisch),**
**Preis: 29,90 Euro**
**In französischer Sprache auch direkt bei Wu Wei erhältlich!**

**DIE ABENTEUER VON ELISIA**
von R. von Assel
80 Seiten, gebunden
**ISBN 978-3-930953-08-0,**
**Preis: 14,80 Euro**

**DER FEUERRITTER**
Ein unglaubliches Abenteuer auf Schloss Kaltenberg
16,8 x 23 cm, 128 Seiten, 4-farbig
**ISBN 978-3-930953-35-8,**
**Preis: 19,80 Euro**

**GWENDOLYN**
von Hans-G. u. Christa Lehmann
Ein Tagebuch für Kinder und Erwachsene
**ISBN 978-3-930953-43-1**
**Preis: 16,80 Euro (D),**

ALLE TITEL ENTNEHMEN SIE BITTE: WWW.WU-WEI-VERLAG.COM